黄　芩

黄芩花期

黄芩幼苗

黄芩果实

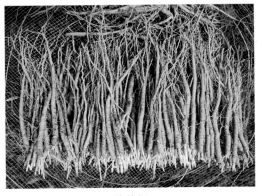

黄芩根

黄芩种子

黄芩切片

黄翅菜叶蜂

黄翅菜叶蜂幼虫

棉铃虫成虫

棉铃虫卵

棉铃虫幼虫

棉铃虫蛹

苜蓿夜蛾

斑须蝽成虫

斑须蝽卵

蚜　虫

小地老虎幼虫

黄地老虎成虫

黄地老虎幼虫

苹斑芫菁 (1)

苹斑芫菁 (2)

蝼蛄成虫

蝼蛄若虫

金针虫卵

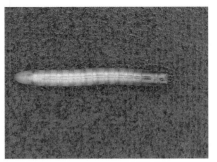

金针虫幼虫

金针虫蛹

金针虫成虫

大黑鳃金龟成虫

大黑鳃金龟卵

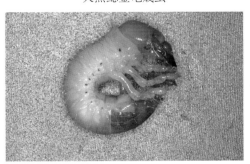

大黑鳃金龟幼虫

大黑鳃金龟蛹

绿盲蝽

蝗虫

七星瓢虫（1）

七星瓢虫（2）

瓢虫幼虫

异色瓢虫

草蛉

叶色草蛉

蜘蛛（1）

蜘蛛（2）

蜂类（1）

蜂类（2）

蜂类（3）

食蚜蝇

灰霉病普通型病叶

普通型茎、荚受害状

茎基腐型病症

茎基腐型病株丛

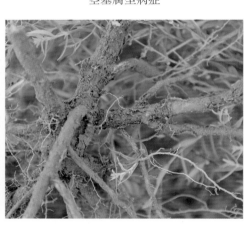

根腐病

根腐病内部腐烂状

白粉病

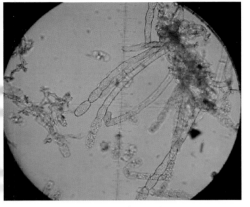

病菌的分生孢子梗

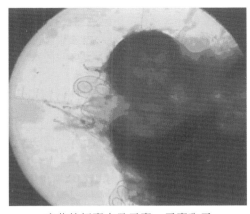

病菌的闭囊壳及子囊、子囊孢子

叶斑病

菟丝子

菟丝子田间危害状

无人机

苘麻（1）

苘麻（2）

博落回（1）

博落回（2）

马　唐

稗

虎尾草（1）

虎尾草（2）

牛筋草

狗牙根

狗尾草

野燕麦

鸭跖草（1）

鸭跖草（2）

田旋花

牵牛（1）

牵牛（2）　　　　　灰菜（1）　　　　　灰菜（2）

土荆芥（1）　　　　　　　　土荆芥（2）

反枝苋（1）　　　　　　　　反枝苋（2）

马齿苋（1）

马齿苋（2）

铁苋菜（1）

铁苋菜（2）

龙葵（1）

龙葵（2）

刺　菜

苦荬菜

苍　耳

紫花地丁

车　前

夏至草

葎　草

播娘蒿

独行菜

朝天委陵菜（1）

朝天委陵菜（2）

萝 藦

附地菜

热河黄芩
栽培及病虫害防治技术

REHE HUANGQIN

ZAIPEI JI BINGCHONGHAI FANGZHI JISHU

孙秀华　刘廷辉　李耀发　高　婧　邵玲智　熊　雪　主编

中国农业出版社
北　京

编 写 委 员 会

主　　编　孙秀华　刘廷辉　李耀发　高　婧　邵玲智
　　　　　熊　雪
副 主 编　刘敏彦　徐　鹏　白中龙　苏宗然　柳春红
　　　　　刘晓光　陈晓宇　王玉斌　安静杰　孙小诺
编　　委　张利超　邱艳捷　黄丽鹏　赵春颖　王梦奇
　　　　　姚洪亮　王　强　马立刚　甄　云　欧阳艳飞
　　　　　陈　林　牛　杰　冀大富　许福德　刘宝印
　　　　　彭淑艳　孙奎仓　郭许良　寇春会　姜红玉
　　　　　兰义利　祁占东　王文军　蒋俊杰　葛怡檬
　　　　　应　飞　赵晓清　刘伟静　李梦媛　高　冰
　　　　　杨　帆　任大伟　才凯华　付　兴　徐鸿峰
　　　　　贾智淞　黄志刚　白　雪　贾洪男　刘娜娜
　　　　　周　君　闫　洁　郭春梅　赵红铃　李忠思
　　　　　王利辉　刘　迪　刘琳琳　谢红波　党志红
　　　　　高占林　李瑞军　武春成　张　杰　柴　君
　　　　　屈志松　张琢皓　冯　焯　李　娜　窦亚楠
　　　　　华佳楠　闫　秀　田　野　岳　洋　刘晓旭
　　　　　冯阳怀　羿超群　董丽娜　杨东旭　陈佳杰
　　　　　傅光明　郑鹏婧　王民乐　毛向宏　王亚静
　　　　　郭江龙　王蓉蓉

前 言 FOREWORD /////////////

　　承德位于河北省东北部，地处燕山山脉中段，是潮白河、滦河、辽河、大凌河四大水系的发源地，为京津地区的生态保护屏障和重要水源地。草场面积、水资源总量、森林覆盖率均居河北省首位，被称为"华北绿肺"和"京津水塔"，这里"天蓝、水清、地绿、土净"，是华北最优的生态宝地，这里更是燕山中药材经济核心示范区的发源地。

　　承德中药材资源富集，已查明的药用野生动植物资源640余种，其中道地大宗药材60余种，名贵药材20余种。"热河黄芩"在全国享誉盛名，以条粗长、质坚实、加工后外皮金黄、杂质少等优点而闻名于世，被世人称为"热河黄芩"，又称为"金丝黄芩"，是我国中医药界久负盛名的道地药材。近年来，特别是京津冀协同发展上升为国家战略以来，承德市相继启动了燕山中药材经济核心示范区、百万亩中药花海旅游扶贫示范区建设战略举措，强力推动中药材产业发展。黄芩作为道地大宗中药材品种，近些年来药农的种植积极性不断高涨，但是在栽培技术、病虫害防治及田间管理等环节还存在一系列问题，其中，产业规模化种植程度偏低、标准化种植水平仍不高、种子种苗繁育基地建设滞后等问题仍比较突出。因此承德市中药材绿色生态种植技术服务中心组织了一批具有多年丰富工作经验的一线专家和科研院校学者编写了此书，主要从技术方面给予指导，旨在为全市黄芩产业的快速健康发展提供有针对性的指导意见。

本书共分五部分，重点介绍了热河黄芩的栽培管理、病虫害防治、常见杂草及农药基本知识等，可应用于承德及周边同类型地区，在参照过程中应根据当地气候和实际情况择优使用。

该书在编写过程中得到了国家中药材产业技术体系、河北省中药材产业技术体系、河北农业大学植物保护学院、河北省农林科学院植物保护研究所、河北民族师范学院等专家和老师的大力支持，他们精心组稿、编校，付出了大量劳动，同时参考并引用了有关专家的部分资料，在此表示衷心的感谢！

编　者

目 录 CONTENTS ////////////

一、黄芩的生物学特性

　　道地药材又称为地道药材，是优质中药材的代名词，是指药材质优效佳。这一概念源于生产和中医临床实践，数千年来被无数的中医临床实践所证实，是源于古代的一项辨别优质中药材质量的综合标准，也是中药学中控制药材质量的一项独具特色的综合判别标准。通俗地说，道地药材就是指在一特定自然条件和生态环境的区域内所产的药材，且生产较为集中，具有一定的栽培技术和采收加工方法，质优效佳，为中医临床所公认。

　　黄芩是唇形科黄芩属植物，拉丁学名为 *Scutellaria baicalensis* Georgi，以根入药，是我国重要的大宗药材，药用历史悠久，始载于《神农本草经》，在中药方剂中应用极其广泛。茎叶（含有野黄芩苷，又称为灯盏花素）亦有一定药用价值（防治心脑血管疾病）。黄芩在我国已有2 000多年的药用历史，同时也常用于藏药、蒙药中。热河黄芩别名承德黄芩，以质地坚硬、色泽金黄、质量高、药效好而著称（图1-1）。

图1-1　黄芩花期

1. 生长习性

野生黄芩多生于山地或高山、高原等地，常见于中温带、海拔700～1 500 米、温暖凉爽、半湿润半干旱的向阳山坡或草原、休荒地等处，林下荫地不多见，喜阳光，抗寒能力较强。在黑龙江、吉林、辽宁、河北、山西、内蒙古、河南、山东等北方地区都有野生黄芩资源，其中心分布区通常以优势种群与一些禾草、蒿类或其他杂草共生。成年植株的地下部分在－35℃低温下仍能安全越冬，35℃高温不致枯死，但不能经受 40℃以上的连续高温。年降水量要求比其他旱生植物略高，在 450～600 毫米。土壤要求中性或微酸性，并含有一定腐殖质，在粟钙土和沙质土上生长良好，排水不良、易积水的土壤或地块不宜栽培。

2. 形态特征

黄芩为唇形科多年生草本植物，直根系，根状茎肥厚，主根粗壮，粗达 2 厘米，棕褐色，圆柱形或近圆锥形，外皮黄褐或棕褐色，断面金黄色，生长年限长的老根常出现枯心，又称为枯芩。茎基部伏地，基部多分枝，单生或数茎簇生，直立或半直立，高 20～120 厘米，近无毛或被上曲至开展的微柔毛。单叶对生，叶具短柄，披针形至线状披针形，全缘，长 1.5～4.5 厘米，两面无毛或疏被微柔毛，下面密被下陷的腺点；总状花序顶生，长 7～15 厘米，常于茎顶聚成圆锥状，花冠蓝紫色（个别有白色、淡蓝色和粉红色），二唇形，

图 1-2　黄芩幼苗

长 2.3～3 厘米，筒近基部明显膝曲，下唇中裂片三角状卵圆形。小坚果近球形，具瘤，腹面近基部具果脐，黑褐色（图 1-2 至图 1-7）。花期 7～10 月，果期 8～10 月。

图 1-3 黄芩叶　　　　　　图 1-4 黄芩花

图 1-5 黄芩种子

图 1-6　黄芩切片

图 1-7　黄芩根茎

3. 性味归经

味苦，性寒，归肺、心、肝、胆、大肠经。

4. 功能主治

具有清热燥湿、泻火解毒、止血、安胎等功效，主治湿热病、上呼吸道感染、肺热咳嗽、湿热黄疸、胎热不安、肺炎、泻痢等症。黄芩的根中主要含有大量黄体酮类化合物，其中黄芩苷、汉黄芩苷、黄芩素、汉黄芩素、千层纸素 A 等成分是其主要药用成分，在抗氧化、抗过敏、抗肿瘤、抗人类免疫缺陷病毒（简称 HIV）以及治疗心血管疾病等方面均具有潜在的开发应用价值（图 1-8）。

图 1-8　黄　芩

二、黄芩的栽培历史

黄芩史载于《神农本草经》,《别录》称:"生秭归(今湖北秭归)川谷及冤句(今山东菏泽)。"陶弘景[①]曰:"芩,第一出彭城(今江苏铜山),郁州(今江苏灌云)亦有之。"《新修本草》记载:"芩出宜州(今湖北宜昌)、鄜州(今陕西富县)、泾州(今甘肃泾县)者佳,兖州者大实而好,名炮尾芩也。"《本草图经》记载:"芩川蜀、河东、陕西近郡皆有之。苗长尺余,茎干粗如箸,叶从地四面丛生,类紫草,高一尺许,亦有独茎者,叶细长,青色,两面相对,六月开紫花,根黄如知母粗细,长四五寸。"《吴普本草》记载:"二月生、赤黄叶,两两四四相值,茎空中,或方圆,高三四尺,四月花紫红赤。五月实黑,根黄。"《本草纲目》记载:"宿芩乃旧根,多中空,外黄内黑,即可谓片芩。子芩乃新根,多内实,即可谓条芩。或云西芩多中空而色黔,北芩多内实而深黄。"

现在上述地区中,陕西中部一带黄芩分布较少;长期以来,产地转移到河北坝上高原,其中产于燕山北部承德地区的黄芩历来以条粗长、质坚实、加工后外皮金黄、杂质少而著称于世,被称为"热河黄芩",是全国最知名的道地药材之一。前些年,黄芩的商品供应主要来自野生资源,正常年收购量 7 000 吨,年需求量 6 000 吨左右,能够满足社会需求。但由于长期的掠夺式采挖,大部分地

---

① 陶弘景,456—536 年,字通明,南朝梁时丹阳秣陵(今江苏南京)人,著名的医药家、文学家。

区野生黄芩逐渐减少，而且多在交通不方便、人迹罕至的边远地区。为满足市场的需求，近年来具有产地优势的河北、陕西、山东、河南、四川等省已相继建立了黄芩生产基地，进行人工栽培，承德地区黄芩人工种植从 20 世纪 60 年代初开始，80 年代已经形成了相当的生产规模。

三、黄芩的栽培技术

1. 选地

黄芩生长期间喜温暖凉爽的气候，耐寒、耐旱、耐高温，但忌水涝，因此不适宜在易积水或雨水过多的地方生长，否则容易生长不良、根部腐烂。选择地势平坦的向阳地，土壤以疏松、肥沃、土层深厚、排水良好的中性或偏酸性壤土或腐殖土为宜，利于黄芩根部生长，促进扎根深度，提高产量。适宜在向阳荒坡、荒山种植，条件适宜也可种植于林间。

除上述情况外，黄芩种植选址还应该考虑此地块的前茬作物及近几年使用药剂情况，尤其重点考虑前茬作物除草剂残留危害，忌连作，凡种过黄芩的地块一般应间隔3～4年后方可再种。对前茬作物要求不严，但以禾本科和豆科作物为好。同时在选址时还应考虑周边交通及田间作业道路、周围水电配套、相关农业机械租赁、是否处于极端气候如冰雹、霜冻等个别小气候区等。

2. 整地、施肥

地块确定后，一般以秋翻为好，耕翻之前要施足基肥，每亩①施优质腐熟的农家肥或有机肥3 000～4 000千克、长效缓释肥40千克作基肥。先用大型液压翻转犁深翻35～40厘米，然后使用

---

① 亩为非法定计量单位，1亩＝1/15公顷。——编者注

带镇压轮的旋耕犁旋耕耙细、耙平，最后使用起垄机起垄作畦，畦宽 1.4 米，畦高 15～25 厘米，畦间距 40 厘米，畦面要平整，畦土要细碎，地四周开好排水沟。

3. 播种及移栽

黄芩一般有种子直播、育苗移栽和扦插繁殖等方法进行人工种植。

（1）种子直播。

种子处理：黄芩种子的发芽率较高，当年采收的种子发芽率可达 80% 以上。育苗移栽时播前一般都要进行催芽，催芽时一般用 40～45℃ 的温水将种子浸泡 5～6 小时，捞出放在 20～25℃ 的条件下保湿，每天用清水淋洗 2 次，待大部分种子胚芽萌动后，将种子按 200：1 的比例用 50% 多菌灵拌种，或选用 10 亿/克枯草芽孢杆菌可湿性粉剂（用量 1 千克/亩）与黄芩种子混合播种。

播种期：分春播、夏播或秋播，北方春播在 4 月中下旬，夏播在 6 月中旬至 7 月中旬，秋播在 8 月中旬。提倡造墒播种或雨季播种。干旱地区，春季播种可用塑料薄膜覆盖保墒。

播种方法：一般采用条播，按行距 30～40 厘米，开 2～3 厘米深的浅沟，将处理好的种子均匀撒入沟内，覆土 1～2 厘米，耙平，稍加镇压，浇水，保持土壤湿润，直至出苗。每亩用种量 1～1.5 千克。

（2）育苗移栽。

采用育苗移栽方式一般是在一些山坡旱地、直播难以保苗的情况下进行。一般于 4 月上中旬育苗，多采用畦作，选背风向阳温暖的地块作苗床，播种时先留出 10～15 厘米的畦头，按行距 15～20 厘米横畦开沟条播，沟深 2～3 厘米，沟底用脚踩平，将已催芽的种子均匀地撒于沟内，覆土 0.5～1 厘米，播后稍加镇压，刮平畦面，每亩用种 3～4 千克，注意保温、保湿，可用草帘或地膜覆盖，覆盖物不宜太厚。当地温 18～20℃ 以上时，10 天左右即可出苗，出苗后将覆盖物揭去，及时间苗和除草，株距保持 5 厘米左右，加强水肥管理，当苗高 5 厘米以上时，按 5～7 厘米定苗，当苗高达 10 厘米以上时即可移栽。将起出的苗根，经过生根粉和杀菌剂溶液浸泡处理后，移栽到整理好的田地，按行距 30～40 厘米、株距 5～7 厘米定植，定植后覆土压实并适时浇水，保证出苗。春季育苗，当年夏季即可移栽；夏季育苗，第二年春季移栽。

（3）扦插繁殖。

扦插繁殖是从优良高产型黄芩母株（已栽培 2～3 年的植株）上剪取生长旺盛的枝条作插穗，繁殖成败的关键在于繁殖季节和取条部位。3～4 月，从往年种植黄芩的苗地里，剪取茎梢（顶端带芽部分）8～10 厘米，去掉下半部叶，用 IAA（吲哚乙酸）100 微克/毫升处理 3 小时，然后扦插，扦插行株距 6 厘米×8 厘米，搭荫棚。插后浇水保湿，随后根据天气和湿度确定浇水次数和浇水量。不宜过湿，防止插条腐烂，最佳扦插期为 6 月中旬前的营养生长期，定期喷施杀菌剂预防根部腐烂及病害发生。

4. 田间管理

（1）第一年管护。

出苗前，黄芩在播种至出苗期间应保持土壤湿润，以利于出苗。可以加盖覆盖物以利于保墒保温。

①间苗定苗。种子直播需要间苗定苗，待幼苗出齐、苗高 5～7 厘米时，分 2～3 次间掉过密和瘦弱小苗，按株距 6～8 厘米定苗；缺苗部位及时进行移栽补苗，带土移栽并及时浇水，以利成活。

②中耕除草。无论播种还是分根繁殖的黄芩，幼苗生长都比较缓慢，在出苗期都应保持土壤湿润，适当松土、除草。以防杂草与黄芩争水争光争肥，播种后和封垄前应及时除草，浇水和雨后及时中耕，保持土壤疏松，应遵循"除早、除小、除了"的原则。第一年一般除草 4 次左右。

③追肥。每年 6～7 月为幼苗生长发育旺盛期，根据苗情追肥，每亩施磷酸二铵 20～30 千克、尿素 15 千克、硫酸钾 5～10 千克、

硫酸锌 1 千克。6 月黄芩现蕾期之前，每亩喷 0.5% 磷酸二氢钾溶液 100 千克，每隔 6～7 天喷 1 次，连喷 2～3 次，可抑制黄芩茎徒生、促进根膨大。留种田于开花前追肥，配合使用硼、钙等叶面肥，促进花朵旺盛，结籽饱满。

④灌溉排水。黄芩萌芽期到幼苗期生长缓慢，根系浅，怕旱，因此苗期遇干旱及时浇水。苗稍大之后若不是特别干旱，一般不再浇水，以利蹲苗，促进根营养体的形成。黄芩怕涝，雨季及时排除田间积水，避免烂根。

⑤秋冬季节管护。在霜降之后，利用机械将黄芩田的枯枝落叶清理干净，有条件的可以进行掩埋、堆肥等无害化处理，降低黄芩田的病虫害越冬基数。清理后结合浇灌冻水，每亩施用 2～3 吨腐熟的农家肥或有机肥。

（2）第二年、第三年管护。

①追肥。从种植第二年开始，每亩追施复合肥 30 千克，于返青后追施，开沟施入，施后覆土，土壤水分不足时应结合追肥适时灌水。

②中耕除草。春季返青前，及时清理田园，返青后采取人工或机械除草的方式，通常中耕除草 3～4 次。

③去花蕾。黄芩于 4 月开始返青，6～7 月抽薹开花。留种田应在黄芩开花之前多施钾肥及微肥，可开花旺盛，种子也会粒大饱满；非留种田可选择晴天上午把花蕾连带花枝一起剪掉，防止地上部分开花结籽消耗营养成分，促进营养成分向地下部分输送，使养分集中供应根部，促进根部生长发育，提高黄芩药用部位的质量和产量。可根据实际生长情况适时进行多次修剪。

④灌溉排水。黄芩耐旱怕涝，田间积水容易造成根腐病而发生烂根现象，生产上不旱不浇水，如遇干旱，应采取喷灌或微滴灌方式补水，切忌大水漫灌。雨后要及时排水。

⑤秋冬季节管护（非收获田）。在霜降之后，利用机械将黄芩田的枯枝落叶清理干净，有条件的地块可以进行掩埋、堆肥等无害化处理，降低黄芩田的病虫害越冬基数。清理后结合浇灌冻水，每

亩施用2～3吨腐熟的农家肥或有机肥。

⑥病虫害防治。参见"四、病虫害防治"。

（3）倒茬轮作及水旱轮作。

在黄芩收获之后，为降低土壤残存的病源对后茬作物的影响，可采取以下方法处理：一是有条件的种植户可选择土壤消毒或土壤高温杀菌后补施生物菌肥和有机肥的方法；二是进行水旱轮作，通过中药旱作种植改种水稻，可极大降低土壤中的病虫害基数；三是选择不同科属或没有共同发病源的中药材或作物作为下茬种植作物。

5. 采收与加工

（1）采收。

黄芩通常种植2～3年后才能收获，第一年春季育苗移栽后第二年即可采挖。以秋季采收为佳。选择晴朗天气将根挖出，切忌挖断，除去收获根部附着的茎叶、泥土。

（2）加工技术。

新刨收的鲜根去掉杂质及泥沙等，晾晒至半干，放于箩筐或桶中来回撞击，撞掉须根及老皮，继续晒干或烘至全干后，再撞击至黄色。晾晒过程中，应避免因暴晒过度而致药材发红，同时还应防止被雨水淋湿，因受雨淋后，黄芩的根先变绿，最后发黑，影响药品质量。以坚实无孔洞、内部呈鲜黄色为上品。

（3）贮藏。

贮藏于干燥通风处，适宜温度30℃以下，相对湿度70%～75%，安全水分11%～13%。夏季高温高湿条件下，黄芩易受潮变色和受虫蛀，应保持环境整洁，高温季节前密封保藏，及时通风。

四、黄芩的病虫害防治

　　我国使用中药已有几千年的历史，中药材被大量应用尤其是被世界其他国家应用仅始于近十几年。历年来黄芩发挥了不可替代的作用，随着其药用价值进一步被开发利用，野生资源已远远不能满足市场需求，因此开始大规模地家种生产。河北省西北山区为黄芩优质产区，目前，中草药特别是黄芩集约化种植已成为发展河北承德地区经济和当地农民脱贫致富的支柱产业。但随着黄芩由野生向人工集约化种植的转变，黄芩的生态条件发生变化，野生生态条件下未曾出现的病虫害问题日益严重，成为制约黄芩规模化生产的瓶颈。黄芩属于区域性较强的作物，以前主要以野生为主，人工大规模种植始于近年，对黄芩病害的研究资料相对较少，据现有的文献报道，黄芩的病害主要有叶斑病、根腐病、灰霉病、白粉病等，虫害主要有黄翅菜叶蜂、棉铃虫、苜蓿夜蛾、斑须蝽、蚜虫、地老虎、苹斑芫菁、蝼蛄、金针虫和蛴螬等。

　　黄芩病虫害的发生、发展与流行取决于寄主、病原（虫原）及环境因素三者之间的相互关系。黄芩本身的栽培技术、生物学特性和生态条件的特殊性决定了黄芩病虫害的发生具有如下特点：

　　①害虫种类复杂，单食性和寡食性害虫相对较多。黄芩本身含有特殊的化学成分，某些特殊害虫喜食或趋向于在黄芩植株上产卵。因此，黄芩上单食性和寡食性害虫相对较多。

　　②地下部病害和地下害虫危害严重。黄芩的根等地下部分是药用部位，极易遭受土壤中的病原菌及害虫危害，以致药材减产

和品质下降。地下病虫害的防治难度较大。地下害虫如蝼蛄、金针虫等分布广泛，根部被害后的伤口也加剧了地下部病害的发生和蔓延。

③种子和种苗是病虫害初侵染的重要来源。由于这些繁殖材料常携带病菌、虫卵，所以种子和种苗是病虫害初侵染的重要来源，也是病虫害传播的一个重要途径，而种子、种苗频繁调运加速了病虫传播蔓延。育苗定植等操作如处理不当，则成为病虫害传染的途径，加重病虫害的流行。

（一）病害

1. 根腐病

（1）症状。

主要危害根部。发病初期，部分侧根和须根变褐腐烂，以后逐渐蔓延至整个根部。患病植株根部呈现黑褐色病斑以致腐烂，严重时全株枯死。二年生以上的植株易发病（图4-1、图4-2）。

图4-1　黄芩根腐病　　　　图4-2　黄芩根腐病内部腐烂状

（2）病原。

黄芩根腐病病原为瘤座孢目（Tuberculariales）瘤座孢科（Tuberculariaceae）镰刀菌属（*Fusarium*）的真菌，以及无孢目（Agonomycetales）无孢科（Agonomycetaceae）丝核菌属（*Rhizoctonia*）的立枯丝核菌（*Rhizoctonia solani* Kühn）。

（3）发病特点。

由于土壤中水分过大所致，多发生在排水不良、土壤黏重的地块。一般在 8～9 月发病，初期只是个别侧根和须根变褐腐烂，后期逐渐蔓延至主根腐烂，可使全株死亡。

（4）防治方法。

①农业防治。A. 选择土壤深厚的沙质壤土，地势略高、排水畅通的地块种植；B. 与禾本科作物进行合理轮作；C. 合理施肥，适施氮肥，增施磷、钾肥，提高植株抗病力；D. 及时拔除病株并烧毁；E. 苗期注意中耕松土除草，提高地温，促使苗全苗壮；F. 密度合理，加强通风透光，水肥管理合理，防倒伏；G. 拔除病株后，对病穴撒施适量石灰粉消毒，以防蔓延。

②药剂防治。发病初期，可选用含有甲霜·噁霉灵或精甲·咯菌腈成分的复配药剂重点灌根（只灌发病畦或发病中心及周边植株），或每亩用 99％噁霉灵可湿性粉剂 100～200 克＋12％松脂酸铜乳油 500 毫升随水冲施。

2. 茎基腐病

（1）症状。

黄芩茎基腐病主要危害大苗或成株黄芩的茎基部及主根。初期病部呈暗褐色，后绕茎基部或根颈部扩展，致使皮层腐烂，地上部叶片变黄，以致植株枯死。后期病部表面可形成大小不一的黑褐色菌核。

（2）病原。

该病是一种真菌性病害，病原菌为立枯丝核菌（*Rhizoctonia solani* Kühn），属半知菌亚门真菌。有性态为瓜亡革菌［*Thanatephorus cucumeris* (Frank) Donk.］，属担子菌亚门真菌。

（3）发病特点。

该病菌为土壤习居菌，腐生能力较强，病菌主要以菌核在土壤中越冬。第二年春季条件适宜时，菌核萌动产生侵入丝，从伤口或嫩皮处侵入根颈部或茎基部引起发病。此病在近距离内可通过菌丝蔓延及耕作、除草传播，远距离可通过带有菌丝及菌核的病土、未腐熟的粪肥传播。病菌在 13～29℃内均可侵染，以 24℃左右、较高湿度条件最利于侵染发病，水肥不足、植株长势弱、伤口多也有利于发病。

（4）防治方法。

①农业防治。重病田实行 3 年以上轮作，与水稻轮作最好；秋后及时清除病残体；实行配方施肥，耕作除草时勿致伤口；及时防治地下害虫和根线虫，以防止伤口染病。

②药剂防治。发病初期，可用 50％多菌灵可湿性粉剂 1 000 倍液，或 30％噁霉灵水剂 100 毫升/亩，或 250 克/升嘧菌酯悬浮剂 100 毫升/亩，或 50％异菌脲 1 000 倍液喷洒茎基部，10 天后再喷一次。

3. 白粉病

（1）症状。

主要危害叶片和果荚，叶的两面生白色斑，病斑汇合而布满整个叶片，最后病斑上散生黑色小粒点。田间湿度大时易发病，导致提早干枯或结实不良甚至不结实（图 4 - 3）。

图 4 - 3　黄芩白粉病

（2）病原。

黄芩白粉病病原为白粉菌目（Erysiphales）白粉菌科（Erysiphaceae）白粉菌属（*Erysiphe*）的蓼白粉菌（*Erysiphe polygoni* DC. sensu str. ）（图 4 - 4、图 4 - 5）。

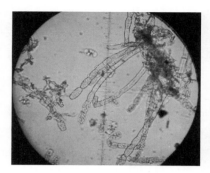

图 4 - 4　病菌的分生孢子
梗及分生孢子

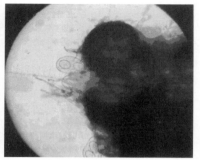

图 4 - 5　病菌的闭囊壳及
子囊、子囊孢子

（3）发病特点。

病菌以菌丝体在病株上或闭囊壳在病残体上越冬，成为翌年的初侵染源。5 月下旬环境条件适宜时，越冬菌丝上产生分生孢子或闭囊壳内释放子囊孢子，随气流、雨水等传播，引起发病，可进行多次侵染，9 月下旬产生闭囊壳随病残体越冬。

（4）防治方法。

①农业防治。不宜选用十字花科作物茬口；合理密植，增施磷、钾肥，增强抗病力；排除田间积水，抑制病害的发生；发病初期及时摘除病叶，收获后清除病残枝和落叶，携出田外集中深埋或烧毁。

②药剂防治。发病初期，喷施 40％氟硅唑乳油 10 000 倍液，或 10％苯醚甲环唑水分散粒剂有效成分用量 8～10 克/亩，或 25％戊唑醇水乳剂有效成分用量 8 克/亩，或 25％嘧菌酯悬浮剂有效成分用量 15～22.5 克/亩等，喷施 2～3 次。

4. 叶斑病

（1）症状。

受害叶片从叶尖开始发黄变褐，逐渐向叶基蔓延，病健交界处色泽较深。有时叶片上产生青色、白色等不同颜色的水渍状病斑。

后期叶片全部发黄枯死（图4-6）。

图4-6　黄芩叶斑病

（2）病原。

黄芩叶斑病病原是植物病原真菌，具体种类不详。

（3）发病特点。

病原菌在种苗上越冬，翌年4月中旬开始发病。病害的发生发展与雨水关系很大，雨季发病较重。田间有明显的发病中心，并向四周蔓延，在温、湿度条件适宜的情况下，很快流行，成片枯死。

（4）防治方法。

①农业防治。秋后清理田园，除尽带病的枯枝落叶，消灭越冬菌源；苗期注意中耕松土除草，提高地温，促使苗全苗壮；密度合理，加强通风透光，提高植株的抗病性；合理进行水肥管理，防倒伏。

②药剂防治。发病初期，用50%多菌灵可湿性粉剂1 000倍液，或1：1：120波尔多液，或30%甲霜噁霉灵水剂600倍液，或5%代森锌可湿性粉剂500倍液，或25%氟环唑・多菌灵悬浮剂1 000倍液等，每7～10天喷雾一次，连续喷施2～3次。

5. 菟丝子寄生

（1）症状。

当菟丝子种子萌发时遇到寄主，即缠绕其茎，并产生吸盘伸入寄主韧皮部吸取营养。建立寄生关系后与胚根断离。一株菟丝子可覆盖缠绕相当大面积的黄芩植株。黄芩受害后，植株生长衰弱，叶片变黄，造成茎叶早期枯萎，严重时枯死（图4-7）。

图4-7 黄芩菟丝子病

（2）病原。

黄芩菟丝子病病原为菟丝子，别称豆寄生、无根草，是高等寄生性种子植物，属旋花科（Convolvulaceae）菟丝子属（*Cuscuta*）。

（3）发生特点。

当菟丝子种子萌发时，伸出白色圆锥形胚根，固定于土中，另一端长出黄色细丝状幼芽，伸出土后，其顶端在空中随风摇荡，如遇不到寄主，待10～13天营养耗尽则死去；如遇到寄主，即缠绕其茎。菟丝子每个生长点在一昼夜可生长10厘米以上，阴雨天生长更快，茎藤继续长出多个分枝。菟丝子的再生能力强，被切断的茎蔓只要有一个生长点就可以发育成一个新的个体，继续危害。菟丝子种子成熟后大部分落入土中，少部分混入作物种子中。菟丝子种子混入秸秆作饲料或施用含有菟丝子种子的粪肥都可成为翌年初侵染来源。菟丝子的抗逆力强，当条件不适宜时，其种子有休眠机制，不萌发，可保持发芽率5～7年。因此，一旦田地被菟丝子侵入，连续数年均遭菟丝子危害，未完全成熟的种子也能萌发。菟丝子有成片群居的特性，在野外极易辨识，7～8月发生较重。

（4）防治方法。

①农业防治。与非寄主植物轮作5～7年；在耕作前提早翻耕

并灌水，以促使菟丝子在发芽后找不到寄主而死亡；受害严重的地块，每年深翻，当菟丝子种子埋于 3 厘米以下便不易出土；汰除种子，利用菟丝子种子与作物种子大小形状的差异，筛选清除混入作物种子中的菟丝子种子；春末夏初及时检查，一旦发现菟丝子，应连同杂草及寄主受害部位一起拔除并销毁，清除萌蘖枝条和野生植物。

②药剂防治。在菟丝子危害初期，喷洒鲁保一号生物制剂，用量为每亩 2.5 升，可有效控制其危害。喷药时间最好选在阴天或傍晚，每隔 7 天喷 1 次，连续喷 2～3 次。喷药前最好切割菟丝子茎蔓，可提高防治效果。由于鲁保一号为生物制剂，很多药剂对其药效的发挥具有抑制作用，所以在喷药过程中要注意选用干净的喷雾器，不可用装过石硫合剂、波尔多液等杀菌剂的喷药器械，以免影响防除效果。

6. 灰霉病

（1）症状。

黄芩灰霉病症状分为 2 型：普通型和茎基腐型，以茎基腐型危害最大。普通型主要危害黄芩地上嫩叶、嫩茎、花和嫩荚，形成近圆形或不规则形、褐色或黑褐色病斑，叶片上易从叶尖和叶缘开始发病，逐渐向内扩展，病斑常有明显的轮纹，湿度大时，各发病部位均有灰色霉层，后期病斑扩大，可致全叶干枯、果荚坏死不能结实（图 4-8、图 4-9）。茎基腐型主要在二至三年生黄芩上发病重，可单独发生；该型发病早，一般在二至三年生黄芩返青生长后即可侵染发病，主要危害黄芩地面上下 10 厘米左右茎基部，发病部位低且可被地上茎叶所遮挡，因而局部较高的小气候湿度极有利于病菌侵染，以后病斑环茎 1 周，病部产生大量的灰色霉层，其上的茎叶随即枯死；若 1 丛黄芩有 1 至数个茎基部发病后，常很快扩展至其他茎基部，最后导致 1 丛黄芩大部分患病枯死（图 4-10、图 4-11）。

图 4-8　普通型病叶

图 4-9　普通型茎、荚受害状

图 4-10　茎基腐型1丛病株

图 4-11　茎基腐型病征

（2）病原。

黄芩灰霉病病原为灰葡萄孢（*Botrytis cinerea*），是核盘菌科（Sclerotiniaceae）孢盘菌属（*Botryotinia*）生物，可以导致多种植物产生灰霉病。

（3）发生特点。

病菌以菌丝体或分生孢子在黄芩病残体上或菌核在土壤中越冬，成为翌年的初侵染源。其后又产生分生孢子随着气流、雨水等传播进行多次再侵染。

（4）防治方法。

①农业防治。秋冬季及时清除病残体，可减少越冬菌源。

②药剂防治。发病初期，喷施70％腐霉利可湿性粉剂60克/亩、或50％灭霉灵可湿性粉剂100克/亩、或26％嘧胺·乙霉威水分散粒剂150克/亩，喷2～3次，对黄芩灰霉病的防治效果较好，

可有效地控制病害的发生发展。秋冬季及时清除病残体是减少越冬菌源的有效措施。

7. 根结线虫病

（1）症状

黄芩根结线虫病近几年在河北、陕西黄芩种植区开始发生。发病初期，植株衰弱、矮小、色泽失常、叶片萎黄等，类似缺肥、营养不良的现象。以侧根和须根受害较重，在侧根和须根上形成许多大小不等的瘤状物即虫瘿。严重时，根部停止生长，形成肿瘤、根结，根部组织坏死和腐烂。

（2）病原。

该病病原为北方根结线虫（*Meloidogyne hapla*），为根结线虫属（*Meloidogyne*）。

（3）发生特点。

主要以卵随病残体或粪肥在土壤中越冬，冬季可在保护地内继续危害。翌年春季条件适宜时，越冬卵孵化为 1 龄幼虫（在卵内发育），脱皮后孵出 2 龄幼虫，2 龄幼虫和越冬的 2 龄幼虫具有侵染能力，侵入后，引起周围细胞分裂，加快形成肿瘤，使根形成虫瘿，即根结。幼虫发育到 4 龄后即可交尾产卵，卵可于根结中孵化发育，也有大量的卵被排出体外，进入土壤，卵孵化后进行再侵染，从而使寄主根系布满根结，危害越来越重。根结线虫主要分布在 5～30 厘米深的土层中。病苗调运可使线虫远距离传播。田间主要通过病土、病苗、灌水和农事操作传播。土温 20～30℃、土壤相对湿度 40%～70% 时有利于线虫的繁殖和生长发育。土壤温度超过 40℃ 或低于 5℃，根结线虫的侵染活动都很少，55℃ 以上经过 10 分钟幼虫即可死亡。连作地块发病重。

（4）防治方法。

①农业防治。实行轮作，特别是水旱轮作效果最好，或将黄芩与韭菜、葱、蒜等作物进行套种；根结线虫适宜生存在湿润的土壤中，早春深翻土地、暴晒土壤，对根结线虫 2 龄幼虫的防治率可达

80%以上；适时栽种，合理密植。采用地膜覆盖栽培可减少病害的发生；及时清洁田园，收获后烧毁病根。

②药剂防治。黄芩出苗后5～7天用1.8%阿维菌素乳油1 000倍液灌根，隔10～15天灌1次，连续灌3次，可控制当年线虫的危害，于翌年4月20日前后，继续连续灌根3次，或用50%辛硫磷乳油800倍液，每隔10天灌根1次，每年连续灌根5次。

（二）虫害

1. 黄翅菜叶蜂

黄翅菜叶蜂［*Athalia rosae japanensis*（Rhower）］，属膜翅目（Hymenoptera）叶蜂科（Tenthredinidae），又名油菜叶蜂、芜菁叶蜂。分布广泛，华北和华东地区普遍发生。寄主以大白菜、萝卜、甘蓝、油菜等十字花科蔬菜和芹菜为主，药用植物中危害黄芩。近年来，该虫对黄芩果荚的蛀害率逐年上升，常年在40%左右，最高可达80%以上，严重影响了黄芩种子的产量和质量，威胁了黄芩的正常生产。

（1）形态特征。

①成虫。雌成虫体长7.0～8.0毫米，翅展15～19毫米，雄成虫体长6.2～7.3毫米，翅展13～15毫米。头部黑色，触角丝状，胸部大部橙黄色，中胸背板侧叶的后部为黑色，背板为橙黄色，后胸大部为黑色。翅基半部黄褐色，向外渐淡至翅尖透明，前缘有1黑带与翅痣相连，3对足橙黄色，胫节和跗节的端部为黑色。腹部和腹板为橙黄色，雌虫有1黑色锯状产卵器（图4-12）。

②卵。近圆形，大小为0.83毫米×0.42毫米，卵壳光滑，初产时淡黄色，后为乳白色透明，卵的端部两侧现黑色眼点，孵化前为浅蓝色，通常单个散产（图4-13）。初产时乳白色透明，后变为黄褐色，通常散产。

③幼虫。共5龄，老熟幼虫体长约25毫米。初龄幼虫淡绿褐色，后渐呈绿黑色。头部黑色，体蓝黑色，体表有许多小突起和皱

纹，有 3 对胸足和 8 对腹足，气门灰白色（图 4 - 14）。

④茧和蛹。茧为长椭圆形，长 7.5～11.0 毫米，宽 4.0～5.3 毫米，由末龄幼虫吐分泌物缀合土粒而成，表面光滑呈灰白色。蛹长 7.0～9.0 毫米，初时全体呈浅青色，触角、翅芽、足乳白色透明，眼暗黑色，后为淡黄色或黄色，羽化前为橙黄色。

图 4 - 12　黄翅菜叶蜂成虫

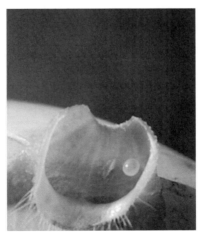

图 4 - 13　黄翅菜叶蜂卵

图 4-14 黄翅菜叶蜂幼虫

（2）危害特点。

黄翅菜叶蜂是黄芩生产中重要的蛀荚害虫，该虫的幼虫蚕食黄芩嫩叶、嫩果荚，以蛀荚危害为主。初孵幼虫多从果荚背面的夹缝处钻入果荚蛀食种子，高龄幼虫从果荚正面蛀入果荚取食种子。有转荚危害的习性，1头幼虫可蛀食6～10个果荚。受害果荚逐渐变黑，一般正面留有圆孔。在重茬地危害严重（图4-15）。据报道，2004年承德地区受该虫危害严重地块的蛀荚率高达70%。

图 4-15 黄翅菜叶蜂幼虫危害状

（刘廷辉　供图）

（3）发生规律。

在承德地区一年发生 4～5 代，以老熟幼虫于土壤中结茧越冬。第二年春季化蛹，越冬成虫最早于 4 月上旬出现，第一代幼虫于 5 月上旬至 6 月中旬危害，第二代幼虫于 6 月上旬至 7 月中旬危害，第三代幼虫于 7 月上旬至 8 月中旬危害，第四代幼虫于 8 月中旬至 10 月中旬危害，有世代重叠现象。在黄芩陆续开花和结荚的 6～9 月可蛀荚危害。

成虫羽化当天即可交尾，1～2 天后产卵。也可行孤雌生殖，其后代多为雄虫。成虫晴天温度较高时飞翔、交配、产卵，有假死性。卵多产于叶缘背面的组织内，呈小隆起，常 1～4 粒成排。每雌产卵 40～150 粒，卵历期 6～14 天。幼虫 5 龄，早晚活动取食，有假死性，发育历期 10～13 天，老熟幼虫入土化蛹，蛹前期 10～20 天，蛹期 7～10 天。

（4）防治方法。

①农业防治。

A. 及时清除田间残株败叶，铲除杂草，深耕土壤，消灭越冬代幼虫，降低虫口基数。

B. 生长季节，人工及时摘除被害荚果，利用假死性人工捕杀。

②物理防治。成虫盛发期可悬挂黑光灯、频振式杀虫灯诱杀成虫，每 10～15 亩地 1 盏灯。

③生物防治。保护和利用天敌昆虫。在卵初期至盛期，释放松毛虫赤眼蜂或螟黄赤眼蜂，每次 2 万～2.7 万只/亩。

④化学防治。防治适期为第一代成虫出现至产卵前进行，隔 7 天施药 1 次，连续施用 2 次。

药剂选择：5%灭幼脲悬浮剂或 5%氟虫脲乳油 1 000～1 500 倍液；60 克/升乙基多杀菌素悬浮剂 1 000～1 500 倍液；5%甲氨基阿维菌素苯甲酸盐乳油 2 000～3 000 倍液；40%辛硫磷乳油 1 500 倍液。

2. 棉铃虫

棉铃虫［*Helicoverpa armigera*（Hübner）］，属鳞翅目（Lepidoptera) 夜蛾科（Noctuidae），为世界性害虫，在我国各地均有分布，杂食性。寄主植物达 30 多科 200 余种。常见受害作物包括棉花、玉米、小麦、高粱、豌豆、蚕豆、苕子、苜蓿、油菜、芝麻、胡麻、青麻、花生、番茄、辣椒、向日葵等。棉铃虫是危害黄芩的主要鳞翅目害虫。

（1）形态特征。

①成虫。体长 15～20 毫米，翅展 27～40 毫米。雌蛾赤褐色，雄蛾灰绿色（图 4－16a）。前翅翅尖突伸，外缘较直，斑纹模糊不清，中横线由肾形斑下斜至翅后缘，末端达环形斑正下方；外横线也很斜，末端达肾形斑正下方；亚缘线锯齿较均匀，与外缘近于平行。后翅灰白色，脉纹褐色明显；沿外缘有黑褐色宽带，宽带中部 2 个灰白斑不靠外缘。

图 4－16　棉铃虫

a. 成虫　b. 幼虫　c. 卵　d. 蛹

②卵。半球形或馒头形，高 0.51～0.55 毫米，直径 0.44～0.48 毫米（图 4-16c）。初产乳白色，后变黄色。

③幼虫。一般 6 个龄期，有时 5 龄。初孵幼虫青灰色，末龄幼虫体长 40～50 毫米（图 4-16b）。体表密生长而尖的小刺。气门上线白斑连成断续的白纹。腹部第一、二、五节各有特别明显的 2 个毛突。幼虫体色多变，有淡红色、黄白色、淡绿色、绿色、黄绿色等多个类型。

④蛹。纺锤形，赤褐色，长 17～20 毫米。腹部末端有 1 对基部分开的刺（图 4-16d）。

（2）危害特点。

棉铃虫是一种暴食性害虫，以幼虫危害，咬食黄芩嫩头，而后危害叶片，将叶片咬成缺刻或吃光。大面积发生时，叶片被吃光，造成严重减产（图 4-17）。

图 4-17　棉铃虫幼虫危害黄芩

（3）发生规律。

棉铃虫在华北地区一年发生 4 代，华南地区一年发生 6～7 代，世代重叠严重，以蛹在土中越冬。成虫夜间出来交尾、产卵，卵多产于嫩梢、嫩叶上，卵期 3～7 天，成虫对萎蔫的杨树枝把有较强的趋性。一般在 7～9 月间危害严重，幼虫老熟时吐丝下垂，入土作茧化蛹，入土深 2.5～6.0 厘米。完成 1 个世代一般需 35～45 天。

（4）防治方法。

①农业防治。清洁田园，秋耕冬灌，压低越冬蛹基数。

②物理防治。

A. 在产卵以前消灭成虫。把采下的杨树枝把分成小束，傍晚将萎蔫的杨树枝把放入田间，每亩放 10 束诱集成虫，集中处理。

B. 成虫有较强的趋光性，可设置黑光灯诱杀。

C. 利用棉铃虫性诱剂诱杀棉铃虫雄成虫，或利用鳞翅目害虫食诱剂结合高效化学药剂（如 5％甲氨基阿维菌素苯甲酸盐水分散粒剂）诱杀棉铃虫成虫。

③生物防治。

A. 充分利用天敌防治棉铃虫的发生，其天敌主要有赤眼蜂、棉铃虫齿唇姬蜂、甘蓝夜蛾拟瘦姬蜂、侧沟绿茧蜂、棉铃虫跳小蜂和寄生蝇等寄生性天敌。

B. 草间小黑蛛、棕管巢蛛、四点亮腹蛛、三突花蛛、中华草蛉、叶色草蛉、丽草蛉、龟纹瓢虫、多异瓢虫、小花蝽、华姬猎蝽及胡蜂类、螳螂和鸟类等捕食性天敌。

C. 苏云金杆菌、真菌和病毒等致病微生物。

④化学防治。可选用 5％甲氨基阿维菌素苯甲酸盐水分散粒剂 1 000～1 500 倍液、或 200 克/升氯虫苯甲酰胺悬浮剂 1 000～1 500 倍液、或 5％灭幼脲悬浮剂 1 000～1 500 倍液、或 5％氟虫脲乳油 1 000～1 500 倍液等喷雾防治。

3. 苜蓿夜蛾

苜蓿夜蛾 [*Heliothis dipsacea* (Linnaeus)]，属鳞翅目（Lepidoptera）夜蛾科（Noctuidae），主要分布于河北、黑龙江、新疆、江苏、云南等地。苜蓿夜蛾寄主广泛，食性杂。寄主以豆科植物为主，包括苜蓿、豌豆、大豆、向日葵、麻类、甜菜、棉花、烟草和马铃薯等。近年来，随着黄芩种植面积的不断扩大，苜蓿夜蛾现已成为黄芩的主要鳞翅目害虫。

（1）形态特征。

①成虫。体长约15毫米，翅展约35毫米。前翅灰褐色带有青绿色，前翅环纹由中央1个棕色点和外围3个棕色点组成；肾形纹黑褐色，中横线为一条上窄下宽的暗褐色带；外横线与亚缘线间为一条褐色带，外缘线在翅脉间有一列黑点；后翅淡黄褐色，外缘有一条黑色宽带，夹有心脏形淡褐斑，近前部有褐色枕形的斑纹，缘毛黄白色（图4-18）。

图4-18 苜蓿夜蛾成虫

（郭江龙 供图）

②卵。半球形，直径约0.6毫米，卵面有棱状纹，初产白色，后为黄绿色。

③幼虫。老熟时体长31～37毫米，头淡黄褐色，着生许多黑褐色小斑，体色多变，通常为黄绿色，背线及亚背线黑褐色，气门

线黄绿色，前胸背板上密布细小刚毛，体节突起上着生有黑色毛。

④蛹。长15～20毫米，黄褐色，末端有2根刺状刚毛。

（2）危害特点。

成虫昼伏夜出，白天隐身于黄芩植株中下层叶片，栖息比较隐蔽，受惊扰后在植株间做短距离飞翔；夜间吸食黄芩花蜜并交尾，将卵产在黄芩叶片背面。幼虫昼夜取食危害，以夜间取食为盛。低龄幼虫喜危害上层叶片，高龄幼虫喜危害中下层叶片。幼虫爬行时，胴体前部常悬空左右摇摆探索前进。低龄幼虫受惊后迅速后退，老熟幼虫受惊后则卷成环形，落地假死。苜蓿夜蛾具有较强的迁飞能力，因而分布广泛，并具暴发性。

（3）发生规律。

苜蓿夜蛾在承德地区一年发生2代，以蛹在土中越冬。第一代幼虫6月下旬孵化，7月上旬入土做土茧化蛹，成虫于8月羽化产卵。第二代幼虫除食叶外，大量蛀食荚等果实，危害严重，9月幼虫老熟入土做土茧化蛹越冬。

6月上旬至8月中旬雨量适中且均匀，利于苜蓿夜蛾化蛹和羽化，危害较重，反之较轻；二至三年生黄芩受害重，一年生受害轻；栽植过密、管理粗放、田边杂草丛生的黄芩田块受害重；密度适宜、精心管理、田边整洁无杂草的田块受害轻。

（4）防治方法。

①农业防治。清除田间及周围杂草，并进行翻地，减少越冬虫源。

②物理防治。

A. 苜蓿夜蛾成虫具有较强的趋光性，可用频振式杀虫灯或黑光灯诱杀成虫。

B. 虫量少时，可用纱网、布袋等顺黄芩植株顶部扫集，或利用幼虫假死性，用手振动植株，使虫落地，就地消灭。

③生物防治。采用生物农药白僵菌、绿僵菌、苏云金杆菌等，适当稀释后喷雾防治；保护和利用螳螂、猎蝽、蜘蛛和鸟类等天敌，防治苜蓿夜蛾幼虫。

④化学防治。发现黄芩植株嫩头被害时，在幼虫 3 龄前喷药，选用低毒低残留的药剂。药剂种类参照棉铃虫化学防治用药。

4. 斑须蝽

斑须蝽［*Dolycoris baccarum*（Linnaeus）］，属半翅目（Hemiptera）蝽科（Pentatomidae），别名黄褐蝽、臭大姐，主要危害的作物有玉米、甜菜和马铃薯等，可危害的药用植物有黄芩、地黄、玄参和枸杞等。

（1）形态特征。

①成虫。体长 8.0～13.5 毫米，宽约 6 毫米，椭圆形，黄褐色或紫色，密被白绒毛和黑色小刻点；触角黑白相间；喙细长，紧贴于头部腹面。小盾片末端钝而光滑，黄白色。小盾片近三角形，末端钝而光滑，黄白色。前翅革片红褐色，膜片黄褐色，透明，超过腹部末端。胸腹部的腹面淡褐色，散布零星小黑点，足黄褐色，腿节和胫节密布黑色刻点（图 4 - 19）。

图 4 - 19　斑须蝽成虫

②卵。卵粒圆筒形，初产浅黄色，后为灰黄色，卵壳有网纹，生白色短绒毛。卵排列整齐，成块状（图 4 - 20）。

③若虫。体长 1.2～9 毫米，椭圆形，初龄若虫头、胸和足为黑色，中后胸背板近于等长，中胸背板后缘平直。高龄若虫头、胸浅黑色，腹部灰褐色至黄褐色，小盾片显露。

图 4 - 20　斑须蝽卵块

（2）危害特点。

该虫主要以成虫和若虫刺吸黄芩嫩叶、嫩茎及嫩荚汁液，造成种荚发育不全，使种子品质下降、减产。茎叶被害后，出现黄褐色斑点，严重时可造成叶片萎蔫、卷曲，嫩茎凋萎，影响黄芩的生长，以致减产减收。

多年生黄芩密度大，株、行间郁蔽，通风透光不好，利于斑须蝽危害；干旱、少雨，气温适宜（20～30℃）时，有利于此虫的活动、生长发育及繁殖危害。

（3）发生规律。

斑须蝽一年发生 1～3 代，以成虫在植物根际、枯枝落叶下、树皮裂缝中或屋檐下等隐蔽处越冬。在黄淮流域第一代发生于 4 月中旬至 7 月中旬，第二代发生于 6 月下旬至 9 月中旬，第三代发生于 7 月中旬至翌年 6 月上旬。后期世代重叠现象明显。成虫多将卵产在植物上部叶片正面或花蕾、果实的包片上，呈多行整齐排列。初孵若虫群集危害，2 龄后扩散危害。成虫及若虫有恶臭，均喜群集于作物幼嫩部分和穗部吸食汁液，自春季至秋季继续危害。

（4）防治方法。

①农业防治。清除田间及四周杂草，破坏斑须蝽越冬场所，减

少越冬虫源。

②物理防治。

A. 成虫越冬或出蛰后集中危害时，利用其假死性，振动植株，使其落地，迅速收集并杀死。

B. 成虫产卵盛期，人工摘除卵块或若虫团。

③化学防治。选用10％氯氰菊酯乳油2 000倍液、或40％辛硫磷乳油2 000倍液，或5％甲氨基阿维菌素苯甲酸盐乳油3 000倍液等，喷雾防治。

5. 蚜虫

蚜虫，属同翅目（Homoptera）蚜科（Aphidoidea），是中草药的重要害虫类群，危害十分普遍，绝大多数药用植物均受其害。种类很多，形态各异，体色有黄、绿、黑、褐和灰等。

（1）形态特征。

蚜虫为多型性昆虫。个体发育过程中经历卵、干母、干雌、有翅胎生雌蚜、无翅胎生雌蚜和性蚜等，以无翅胎生雌蚜和有翅胎生雌蚜发生数量最多、出现历期最长，为主要危害蚜型。

该虫体型小，有翅2对，前翅有4条斜脉，栖息时翅纵立或平跌；触角丝状，头部和胸部长度之和不大于腹部；第六腹节有腹管1对；气门位于腹部第一至七或第二至五节；产卵器缩小为被毛的隆起（图4-21）。

图4-21 蚜 虫

（2）危害特点。

该类害虫群集在嫩叶、茎顶、花蕾上吸食汁液，导致植株萎缩、生长停滞，造成黄叶、皱缩，叶、花、果脱落，严重影响中草药生长和产量、质量；蚜虫通过排泄蜜露使叶片、茎呈现一片污黑的覆盖物，影响植株与外界气体交换，从而影响光合作用和呼吸作用；此外，蚜虫还是传播病毒病的媒介，会造成病毒病蔓延（图4-22）。

图4-22　蚜虫危害状

（3）发生规律。

一年发生的世代数因地区不同而异。一般在华北地区一年可发生10余代，在南方则多达30～50代。由于蚜虫的发育期短，无翅胎生雌蚜产若蚜期长，世代重叠特别严重，甚至无法分清世代。北方寒冷地区，以无翅成蚜和卵越冬，翌年春季，平均气温在18～20℃时繁殖加快。当气温上升到25℃以上时，大量产生有翅胎生蚜转移蔓延，扩大危害。到晚秋，继续胎生繁殖，或产生两性蚜交配产卵越冬。一般雨季危害轻，干旱时危害重。

（4）防治方法。

①农业防治。及时铲除田边、沟边和塘边杂草，减少虫源。

②物理防治。利用蚜虫对黄色的趋性，采用黄色粘虫板诱杀。

③生物防治。

A. 保护和利用瓢虫、草蛉、食蚜蝇、小花蝽、烟蚜茧蜂、菜蚜茧蜂、蚜小蜂和蚜霉菌等控制蚜虫。

B. 使用生物源或植物源农药防治蚜虫。选用 2%苦参碱水剂 800～1 000 倍液、或 5%天然除虫菊素乳油 500～800 倍液等喷雾防治。

C. 化学防治。蚜虫发生量大时，在苗期或蚜虫盛期之前防治，当有蚜株率达 10%或平均每株有蚜虫 3～5 头，即应防治。可用 10%吡虫啉可湿性粉剂 2 000 倍液、或 1.8%阿维菌素乳油 1 500 倍液、或 25%抗蚜威水分散粒剂 2 000 倍液、或 25 克/升联苯菊酯乳油 1 500 倍液等喷雾防治。但由于蚜虫易产生抗药性，应注意药剂的轮换使用。

6. 地老虎

地老虎又名土蚕、切根虫等，属鳞翅目（Lepidoptera）夜蛾科（Noctuidae），是我国各类农作物苗期的重要地下害虫。我国记载的地老虎类有 170 余种，危害农作物的大约有 20 种。从全国发生危害情况来看，以小地老虎 [*Agrotis ypsilon* Hufnagel] 和黄地老虎 [*Agrotis segetum* Denis et Schiffermüller)] 分布最广，对中药材危害最重。

（1）形态特征。

①小地老虎。

A. 成虫。体长 16～23 毫米，翅展 42～54 毫米。雌蛾触角丝状，雄蛾触角基半部双栉齿状，端半部丝状。前翅暗褐色，前缘达外横线至中横线部分，有的个体可达内横线，呈黑褐色。肾形纹、环形纹和楔形纹均镶黑边；肾形纹外侧有 1 个尖端向外的楔形黑斑，至外缘线内侧有两个尖端向内的楔形黑斑。后翅灰白色，翅脉及外缘黑褐色（图 4－23a）。

B. 卵。半球形，高约 0.5 毫米，直径约 0.6 毫米，表面有纵横相交的隆线，有些纵线 2～3 叉。初产乳白色，后为黄褐色。

C. 幼虫。末龄幼虫体长 37～50 毫米，头宽 3.2～3.5 毫米。黄褐色至黑褐色，表皮粗糙，布满大小不等的颗粒。腹部 1～8 节，背面各有 4 个毛片，后 2 个比前 2 个大 1 倍以上。臀板黄褐色，有两条明显的深褐色纵带（图4-23b）。

D. 蛹。体长18～24毫米，红褐色至暗褐色。腹末具臀棘1对。

图4-23 小地老虎

a. 成虫　b. 幼虫

（郭江龙　供图）

②黄地老虎。

A. 成虫。体长14～19毫米，翅展32～43毫米。雌蛾触角丝状，雄蛾触角基部2/3为双栉齿状，端部1/3为丝状。前翅黄褐色，散布小黑点，各横线为双条曲线，但多不明显，肾形纹、环形纹和楔形纹很明显，各具黑褐色边而中央为暗褐色。后翅灰白色，外缘淡褐色（图4-24a）。

B. 卵。半球形，高约0.5毫米，直径约0.7毫米。表面纵隆线16～20条，一般不分叉。

C. 幼虫。末龄幼虫体长33～43毫米，头宽2.8～3毫米。体黄褐色，表皮多皱，颗粒不显。腹部背面毛片4个，前后两个大小相似。臀板中央有1黄色纵纹，将臀板划分为两块黄褐色大斑（图4-24b）。

D. 蛹。体长15～20毫米。腹部第四节背面中央有稀小不明显的刻点，第五至第七节的刻点小而多，背面和侧面的刻点大小相同。腹末具臀棘1对。

图 4 - 24　黄地老虎

a. 成虫　　b. 幼虫

（郭江龙　供图）

（2）危害特点。

地老虎主要危害中药材的幼苗。低龄幼虫昼夜均可取食，3 龄后昼伏夜出。低龄幼虫取食作物的子叶、嫩叶和嫩茎，高龄幼虫可将幼苗近地表部位咬断，造成缺苗断垄甚至毁种重播。

（3）发生规律。

小地老虎年发生世代数因地区、气候条件而异。在我国北方地区一年发生 2～4 代。小地老虎是一种迁飞性害虫，在北方不能越冬，我国北方地区小地老虎越冬代成虫均由南方迁入。南方越冬面积大，生态环境不同，春季羽化进度不一，因此造成北方越冬代成虫发蛾期长、蛾峰多、蛾量大。成虫迁飞能力强，昼伏夜出，白天潜伏在土缝中、杂草丛中、屋檐下或其他隐蔽处，夜间出来活动，进行取食、交尾和产卵，晚间 19～22 时活动最盛；具有趋光性和趋化性。幼虫具假死性，1～2 龄幼虫对光不敏感，栖息在表土、杂草、作物的叶背或心叶里，昼夜活动取食，1 龄取食叶肉，2～3 龄咬食叶片；4～6 龄幼虫具有趋光性，昼伏夜出，4 龄以后取食叶片，咬断茎干，5～6 龄危害最重。

黄地老虎年发生世代数因地区不同而异。北方地区一年发生 2～4 代。黄地老虎的越冬虫态主要为幼虫，少数以蛹越冬。越冬场所主要为麦田、绿肥田、菜田及田埂、沟渠、堤坡附近等地的 2～15 厘米深处，以 7～10 厘米深处最多。多数地区均以第一代幼虫危害最重。危害时低龄幼虫将嫩叶咬成小孔；龄期稍大的幼虫，多在苗茎基部地表处咬断或蛀 1 小孔，造成枯心苗。

地老虎喜欢温暖潮湿的环境，最适发育温度为 13～25℃。在河流地带或低洼易涝地区，雨水充足及灌溉地段，疏松土壤，团粒结构良好、保水性强的壤土、黏壤土、沙壤土均适于地老虎的发生。

（4）防治方法。

鉴于几种地老虎在防治措施上相近，现以小地老虎为例介绍如下：

①农业防治。早春清除田边及周围杂草，防止地老虎成虫产卵是防治的关键环节。杂草是小地老虎产卵的场所，也是幼虫向作物转移危害的桥梁。因而春耕前进行精耕细作，或在初龄幼虫期铲除杂草，可消除部分虫、卵。若发现 1～2 龄幼虫，则应先喷药后除草，以免个别幼虫入土隐蔽。清除的杂草要远离药田，进行沤粪或深埋处理。

②物理防治。

A. 利用黑光灯诱杀成虫，灯下放一水盆，可直接杀死成虫。

B. 糖醋液诱杀。配方：糖 6 份，醋 3 份，白酒 1 份，再加入等量的水，放入 90％敌百虫 1 份调匀。

C. 毒饵诱杀幼虫。在黄芩生长期受害时，采取补救措施，把麦麸等饵料炒香，每亩地用饵料 4～5 千克，加入 50％辛硫磷30 倍液 150 毫升左右，再加适量的水拌成毒饵，于傍晚撒于垄面。如在施毒饵前遇雨或浇水，保持地面湿润，效果更好。

③生物防治。保护和利用天敌。地老虎的天敌种类丰富，包括蜘蛛、螳螂、步甲、虎甲等捕食性天敌，茧蜂、赤眼蜂等寄生性天敌，以及白僵菌、绿僵菌等病原微生物。

④化学防治。地老虎 1～3 龄幼虫抗药性差，且暴露在寄主植物或地面上，是药剂防治适期。可用 5％甲氨基阿维菌素苯甲酸盐水分散粒剂 1 000～2 000 倍液、或 2.5％溴氰菊酯乳油 1 000～

2 000倍液、或40%辛硫磷乳油1 000倍液等顺垄喷灌防治。

7. 苹斑芫菁

苹斑芫菁［*Mylabris calida* Pallas］属鞘翅目（Coleoptera）芫菁科（Meloidae），又名花斑虫。

（1）形态特征。

①成虫。体长11~23毫米，宽3.6~7.0毫米，头、体躯和足黑色且被黑色毛。头部方形、密布刻点，中央有2个红色小圆斑。触角较短11节，末端5节膨大呈棒状。前胸背板前端1/3处向前变窄，后端中央有2个小凹洼，前后排列。鞘翅淡黄至棕色具黑斑，表面呈皱纹状，每鞘翅中部各有1条黑色宽横斑，该斑外侧达翅缘，内侧不达鞘翅缝，在鞘翅处断开，距鞘翅基部和端部1/4~1/5处各有1对黑斑，有的个体后端2斑汇合成一条横斑（图4-25）。

图4-25　苹斑芫菁成虫
（刘廷辉　提供）

②卵。卵椭圆形，乳白色，产于土壤和厩肥中。

③幼虫。幼虫共6龄，1、2龄幼虫胸足发达，称为"三爪蚴"，活动迅速，3、4龄多在地下活动和寻食，主要取食蝗卵，5、

6 龄进入休眠状态。幼虫头部黄褐色，胸、腹部乳白色。

（2）危害特点。

在黄芩生长前期，该虫以成虫取食黄芩叶片、新梢，将叶片危害成缺刻状，严重时可将叶片和新梢吃光。黄芩现蕾开花以后，以取食花蕾和花为主，影响种子产量和品质。

（3）发生规律。

苹斑芫菁在北方 1 年发生 1 代，以高龄幼虫在土壤或农家肥中越冬。翌年蜕皮化蛹，多发生于 5 月。成虫羽化高峰期为 6～7 月，一般将卵产于杂草或 10 厘米土层中。高温时成虫潜伏在埂边杂草或地表土壤中，早晚和雨后大量群集危害，食量较大，有假死性，对糖醋液具有一定的趋性。1、2 龄幼虫活动迅速，3、4 龄多在地下活动，主要取食蝗虫卵，5、6 龄进入休眠状态。

（4）防治方法。

①农业防治。

A. 秋冬收获后耕翻土地，可消灭部分越冬幼虫。

B. 及时清除田边枯枝、杂草，减少其隐蔽场所。

C. 施用充分腐熟的农家肥。

②物理防治。

A. 成虫盛发期可悬挂黑光灯、频振式杀虫灯诱杀成虫，每 10～15 亩置 1 盏灯。

B. 田间放置糖醋液 5～6 份/亩，糖醋液配比为糖 1 份、醋 4 份、水 15 份。

C. 成虫取食、交尾盛期，利用其群集危害的习性，采取网捕法，以杀死成虫。

③生物防治。保护并利用天敌昆虫，如赤眼蜂、寄生蜂等。

④化学防治。一般不需要单独使用化学药剂，必要时参考斑须蟓的化学防治。

8. 蝼蛄

蝼蛄，俗名耕狗、拉拉蛄、扒扒狗、土狗崽、土狗子。为主要地下昆虫，体小型至大型，分类上隶属于直翅目（Orthoptera）蝼蛄科（Gryllotalpidae）。河北省危害作物的蝼蛄主要包括：华北蝼蛄（*Gryllotalpa unispina* Saussure）和东方蝼蛄（*Gryllotalpa orientalis* Burmeister）。

（1）形态特征（图 4 - 26）。

①华北蝼蛄。

A. 成虫。体长 39～50 毫米，黑褐色，密被细毛，腹部近圆筒形。前足腿节下缘呈 S 形弯曲；后足胫节内上方有刺 1～2 个（或无刺）。

B. 卵。椭圆形，初产时长 1.6～1.8 毫米，宽 1.3～1.4 毫米，后逐渐膨大，孵化前长 2.4～3 毫米，宽 1.5～1.7 毫米。初产黄白色，后变黄褐色，孵化前呈深灰色。

C. 若虫。若虫共 13 龄。初孵若虫体长 3.6～4.0 毫米，头胸细，腹部大，乳白色，复眼淡红色，后体色逐渐变深，5～6 龄若虫体色与成虫相似。末龄体长 36～40 毫米。

图 4 - 26　蝼　蛄

a. 成虫　b. 幼虫

②东方蝼蛄。

A. 成虫。体长 30～35 毫米，黄褐色，密被细毛，腹部近纺锤形。前足腿节下缘平直；后足胫节内上方有等距离排列的刺 3～4 个（或 4 个以上）。

B. 卵。椭圆形，初产时长约 2.8 毫米，宽约 1.5 毫米，孵化前长约 4 毫米，宽约 2.3 毫米。初产乳白色，渐变为黄褐色，孵化前为暗紫色。

C. 若虫。若虫共 8～9 龄。初孵若虫体长约 4 毫米，头胸细，腹部大，乳白色。2、3 龄以后若虫体色接近成虫，末龄若虫体长约 25 毫米。

（2）危害特点。

蝼蛄是最活跃的地下害虫，成、若虫均危害严重。蝼蛄以成虫、若虫咬食各种作物种子和幼苗，危害禾本科作物比双子叶作物程度严重，特别喜食刚发芽的种子，造成严重缺苗断垄；也咬食幼根和嫩茎，扒成乱麻状或丝状，使幼苗生长不良甚至萎蔫死亡。特别是蝼蛄在土壤表层善爬行，往来乱窜，隧道纵横，造成种子架空不能发芽，幼苗吊根失水干枯而死。"不怕蝼蛄咬，就怕蝼蛄跑"就是这个道理。

（3）发生规律。

蝼蛄生活史一般较长，1～3 年才能完成 1 代，均以成、若虫在土中越冬。

华北蝼蛄各地均是 3 年左右完成 1 代。在黄淮海地区，越冬成虫 6 月上中旬开始产卵，7 月初孵化。孵化若虫到秋季达 8～9 龄，深入土中越冬；第二年春季越冬若虫恢复活动继续危害，秋季以 12～13 龄若虫越冬；直至第三年 8 月以后若虫陆续羽化为成虫。新羽化的成虫危害一段时间后即进入越冬状态。

东方蝼蛄在华中、长江流域及其以南各省地 1 年完成 1 代；在华北、东北及西北约需 2 年才能完成 1 代。在黄淮 2 年 1 代区，越冬成虫 5 月开始产卵，盛期在 6～7 月；至秋季若虫发育至 4～7 龄，深入土中越冬。若虫共 9 龄，第二年春季恢复活动，危害至 8 月开始羽化为成虫。当年羽化的成虫少数可产卵，大部分越冬后至第三年才产卵。

两种蝼蛄一年中均有两次在土中上升和下移的过程，出现两次危害高峰。上下移动主要受温度的影响。一般来说，春季气温达 8℃时开始外出活动；秋季气温低于 8℃时停止活动。秋末和冬季温度过低及夏季温度过高，均潜入深土层。

（4）防治方法。

①农业防治。深翻土壤、精耕细作造成不利于蝼蛄生存的环境，可减轻危害；夏收后，及时翻地，破坏蝼蛄的产卵场所；施用腐熟的有机肥料，不施用未腐熟的肥料；在蝼蛄危害期，追施碳酸氢铵等化肥，散出的氨气对蝼蛄有一定驱避作用；黄芩收获后，进行大水灌地，迫使向深层迁移的蝼蛄向上迁移，在结冻前深翻，把翻上地表的害虫冻死；实行合理轮作，改良盐碱地，有条件的地区实行水旱轮作，可消灭大量蝼蛄，减轻危害。

②物理防治。蝼蛄发生危害期，在田边或村庄利用黑光灯、白炽灯诱杀成虫，以减少田间虫口密度。结合田间操作，对新拱起的蝼蛄隧道，采用人工挖洞捕杀虫、卵。

③化学防治。

A. 种子处理。播种前，用50%辛硫磷乳油按种子重量0.1%～0.2%拌种，堆闷12～24小时后播种。

B. 毒饵诱杀。常用的是敌百虫毒饵，将麦麸、豆饼、秕谷、棉籽饼或玉米碎粒等炒香，按饵料重量0.5%～1%的比例加入90%晶体敌百虫制成毒饵，将90%晶体敌百虫用少量温水溶解，倒入饵料中拌匀，再根据饵料干湿程度加适量水，拌至用手一攥稍出水即可。每亩施毒饵1.5～2.5千克，于傍晚时撒在已出苗的菜地或苗床的表土上，或随播种、移栽定植时撒于播种沟或定植穴内。制成的毒饵限当日撒施。

C. 土壤处理、灌溉药液。当蝼蛄危害严重时，每亩用3%辛硫磷颗粒剂1.5～2千克，拌细土15～30千克混匀撒于地表，在耕耙或栽植前沟施毒土。

9. 金针虫

金针虫俗称节节虫、铁丝虫、铜丝虫等，成虫俗称叩头虫，为鞘翅目叩甲科幼虫的通称。我国农田常见种类主要有4种，即沟金针虫（*Pleonomus canaliculatus* Faldemann）、细胸金针虫（*Agriotes fuscicollis* Miwa）、褐纹金针虫（*Melanotus caudex* Lewis）、宽背金针虫（*Selatosomus latus* Fabricius）。其中，河北省北部地区以沟金针虫危害最为严重，是金针虫类中的绝对优势种。

（1）形态特征。

①沟金针虫。

A. 成虫。雌成虫体长 16～17 毫米，宽 4～5 毫米；雄虫体长 14～18 毫米，宽约 3.5 毫米。深栗褐色，密被褐色细毛。雌虫触角 11 节，黑色锯齿形，长约为前胸的 2 倍；鞘翅长约为前胸的 4 倍，其上纵沟明显，后翅退化。雄虫触角 12 节，丝状，长达鞘翅末端；鞘翅长约为前胸的 5 倍，其上纵沟较明显，有后翅。

B. 卵。椭圆形，长约 0.7 毫米，宽约 0.6 毫米，乳白色。

C. 幼虫。老熟幼虫体长 20～30 毫米，宽约 4 毫米，体宽而扁平，金黄色。体节宽大于长，从头至第 9 腹节渐宽；由胸背至第 10 腹节背面中央有 1 条细纵沟。尾节背面有略近圆形的凹陷，并密布较粗点刻；两侧缘隆起，具 3 对锯齿状突起。尾端分叉，并稍向上弯曲，各叉内侧均有 1 小齿。

D. 蛹。体长 15～17 毫米，宽 3.5～4.5 毫米；纺锤形，末端瘦削，有刺状突起。

②细胸金针虫。

A. 成虫。体长 8～9 毫米，宽约 2.5 毫米。体形细长扁平，被黄色细毛。头、胸部黑褐色，鞘翅、触角和足红褐色，光亮。触角细短，第一节最粗长，第二节稍长于第三节，基端略等粗，自第四节起略呈锯齿状，各节基细端宽，彼此约等长，末节呈圆锥形。前胸背板长稍大于宽，后角尖锐，顶端略上翘；鞘翅狭长，末端趋尖，每翅具 9 行深的封点沟（图 4 - 27d）。

B. 卵。乳白色，近圆形（图 4 - 27a）。

C. 幼虫。淡黄色，光亮。老熟幼虫体长约 32 毫米，宽约 1.5 毫米。头扁平，口器深褐色。第一胸节较第二、三节稍短。1～8 腹节略等长，尾部圆锥形，近基部两侧各有 1 个褐色圆斑和 4 条褐色纵纹，顶端具 1 个圆形突起（图 4 - 27b）。

D. 蛹。体长 8～9 毫米，浅黄色（图 4 - 27c）。

图 4 - 27　细胸金针虫

a. 卵　　b. 幼虫　　c. 蛹　　d. 成虫

（2）危害特点。

金针虫在旱作区中有机质较为缺乏而土质较为疏松的粉砂壤土和粉砂黏壤土地带发生较重，是我国中部和东部旱作地区最重要的地下害虫之一。

金针虫咬食播下的种子，食害胚乳，使之不能发芽；咬食幼苗须根、主根或茎的地下部分，使生长不良，甚至枯死。一般受害苗主根很少被咬断，被害部不整齐而呈丝状，这是金针虫危害后造成的典型症状。此外，还能蛀入块茎或块根，有利于病原菌的侵入而引起腐烂。

（3）发生规律。

沟金针虫和细胸金针虫均为 3 年发生 1 代，以幼虫和成虫在土中越冬。翌年当地表 10 厘米土温为 4～8℃时，幼虫开始上升活动，土温 8～12℃时，开始危害。在华北地区，越冬成虫于 3 月上旬开始活动，4 月上旬为活动盛期。成虫白天躲在田边杂草中和土块下，夜晚活动，雌性成虫不能飞翔，行动迟缓有假死性，没有趋光性，雄虫飞翔较强。卵产于土中 3～7 厘米深处，卵孵化后，幼虫即可直接危害作物。

（4）防治方法。

①农业防治。精细整地，适时播种，合理轮作，消灭杂草，适时早浇，及时中耕除草，创造不利于金针虫活动的环境，减轻作物受害程度。种植前要深耕多耙，收获后及时深翻；夏季翻耕暴晒。

②物理防治。最常用的方法为人工捕杀、翻土晾晒、利用成虫的趋光性进行灯光诱杀。金针虫对刚枯萎的杂草有极强的趋性，可采用堆草诱杀。

③生物防治。

A. 植物源农药。利用一些植物的杀虫活性物质防治地下害虫。如油桐叶、蓖麻叶和牧荆叶的水浸液，以乌药、芫花、马醉木、苦皮藤、臭椿和茶皂素等的茎、根磨成粉后防治地下害虫效果较好。

B. 昆虫病原微生物。寄生金针虫的真菌种类主要有白僵菌和绿僵菌。在幼虫危害初期，每亩用 2 千克白僵菌拌潮湿细土 50 千克配制成菌土，均匀撒施于田内。

C. 性信息素诱杀。金针虫成虫一经出土，可利用性信息素诱集，是金针虫种群动态监测和防治的重要手段。

④化学防治。定植前土壤处理，可用 48％毒死蜱乳油 200 毫升/亩，拌细土 10 千克撒在种植沟内，也可将农药与农家肥拌匀施入。

药剂拌种处理，每 100 千克种子用 18％氟腈·毒死蜱种子处理剂 180～360 克，加种量 3％～5％的药剂用水稀释后均匀拌种，晾干后即可播种处理。

根部灌药处理，苗期如发现幼虫危害，可选用 50％辛硫磷乳油 500 倍液，每隔 8～10 天灌根 1 次，连续灌 2～3 次。

10. 蛴螬

蛴螬俗称壮地虫、白土蚕、地漏子等，是鞘翅目金龟甲总科幼虫的通称，为地下害虫中种类最多、分布最广、危害最重的一大类群。其中尤以大黑鳃金龟［*Holotrichia oblita*（Faldermann）］、暗黑鳃金龟［*Holotrichia parallela*（Motschulsky）］、铜绿丽金龟［*Anomala corpulenta*（Motschulsky）］等发生严重而普遍。承德地区多种蛴螬常混合发生，全国以黄淮流域受害最为严重。

（1）形态特征。

蛴螬类害虫危害较重的种类主要有大黑鳃金龟（图 4 - 28）、暗黑鳃金龟、铜绿丽金龟（表 4 - 1）。

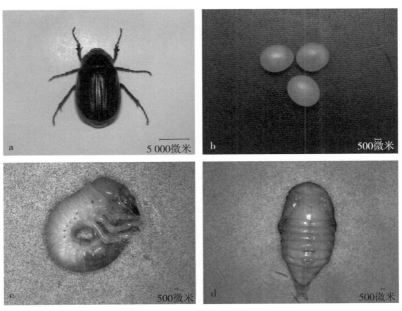

图 4 - 28　华北大黑鳃金龟的成虫、卵、幼虫和蛹
a. 成虫　b. 卵　c. 幼虫　d. 蛹

表 4 - 1　三种重要金龟类害虫形态特征

项目	大黑鳃金龟	暗黑鳃金龟	铜绿丽金龟
成虫	体长 16～22 毫米，宽 8～11 毫米，黑色或黑褐色，具光泽。翅鞘每侧有 4 条明显的纵肋。前足胫节外齿 3 个，内方距 2 根；中、后足胫节末端距 2 根	体长 17～22 毫米，宽 9.0～11.5 毫米。长卵形，暗黑色或红褐色，无光泽。鞘翅两侧缘几乎平行，每侧 4 条纵肋不显	体长 19～21 毫米，宽 10～11.3 毫米。头、前胸背板、小盾片和翅鞘呈铜绿色，有光泽，但头、前胸背板色较深，呈红铜绿色。翅鞘每侧有 4 条明显的纵肋。雌虫腹板呈黄白色
卵	长椭圆形，长约 2.5 毫米，宽约 1.5 毫米，初产白色略带黄绿色光泽，孵化前近圆形	初产时长约 2.5 毫米，宽约 1.5 毫米，长椭圆形；发育后期呈近圆球形	初产长椭圆形，长约 1.8 毫米，宽约 1.4 毫米，乳白色。孵化前近圆形，表面光滑
幼虫	老熟幼虫体长 35～45 毫米，头宽 4.9～5.3 毫米。肛腹板覆毛区无刺毛列，70～80 根钩状毛由肛门孔处开始散乱排列	3 龄幼虫体长 35～45 毫米，头宽 5.6～6.1 毫米。肛腹板后部覆毛区无刺毛列，只有散乱排列的钩状毛 70～80 根	老熟幼虫体长 30～33 毫米，头宽 4.9～5.3 毫米。肛腹板覆毛区刺毛列由长针状刺毛组成，每侧多为 15～18 根
蛹	体长 21～23 毫米，宽 11～12 毫米。初蛹白色，随发育过程色渐深至红褐色	体长 20～25 毫米，宽 10～12 毫米。尾节三角形，2 尾角呈钝角岔开	长 18～22 毫米，宽 9.6～10.3 毫米。雄蛹臀节腹面阳基侧突与阳茎呈四裂状突起，雌蛹平坦，生殖孔位于基缘中间

（2）危害特点。

蛴螬食性复杂，危害多种农作物，在春秋两季危害最重。蛴螬食害播下的种子或咬断幼苗的根、茎，咬断处断口整齐。受害植株叶片发黄，植株矮小、分蘖少，轻则缺苗断垄，重则毁种绝收。此外，蛴螬造成的伤口还可诱发病害。

（3）发生规律。

蛴螬 1～2 年发生 1 代，幼虫和成虫在土中越冬，5 月上中旬幼虫上移至表土危害，7～8月在深约30厘米的土中化蛹，成虫羽化后即在原处越冬。越冬成虫在4月下旬出土活动，5～7月为活动盛期，6月上旬至7月下旬产卵。蛴螬有假死性和趋光性，并对未腐熟的粪肥有趋性。

成虫即金龟子，白天藏在土中，黄昏出来活动，有趋光性和假死性。

（4）防治方法。

①农业防治。精耕细作，及时镇压土壤，清除田间杂草；大面积春、秋耕，并跟犁拾虫等。发生严重的地区，秋冬翻地可把越冬幼虫翻到地表使其风干、冻死或被天敌捕食、机械杀伤，防效明显；同时，应禁止使用未腐熟的有机肥料，以防止招引成虫来产卵。

②物理防治。可设置黑光灯诱杀成虫，减少蛴螬的发生数量。

③生物防治。

A. 微生物杀虫剂。利用活孢子含量为150亿个/克的球孢白僵菌可湿性粉剂，用量为250～300克/亩，将菌粉与土混匀，在播种时施药于播种沟、穴内；或中耕期均匀撒于黄芩根基附近土中或将菌粉用水稀释施于根部。

B. 天敌。黄芩田周围种植蜜源植物，吸引蛴螬天敌臀沟土蜂，可有效降低蛴螬造成的危害。

④化学防治。

A. 药剂拌种。播前选用45％毒死蜱乳油、5％高效氯氟氰菊酯水乳剂，与水和种子按1∶30∶（400～500）的比例拌种；用25％辛硫磷胶囊剂等有机磷药剂包衣，还可兼治其他地下害虫。

B. 毒饵诱杀。每亩地用50％辛硫磷乳油50～100克拌饵料3～4千克，撒于种沟中，亦可收到良好防治效果。

其他害虫还有绿盲蝽（图4-29）和蝗虫（图4-30）等。

图 4 - 29　绿盲蝽

图 4 - 30　蝗　虫

（三）天敌昆虫

黄芩田有益节肢动物种类丰富，包括瓢虫、草蛉、食蚜蝇、蜘蛛和寄生蜂等，以及蜜蜂等传粉昆虫。各种有益动物对黄芩田害虫种群的控制有重要作用，因此，在有害生物防控的同时，应首先考虑到有益节肢动物的保护和利用（图 4 - 31 至图 4 - 42）。

图 4 - 31　七星瓢虫成虫

图 4 - 32　七星瓢虫幼虫

图 4 - 33　异色瓢虫成虫

图 4 - 34　瓢虫幼虫

图 4 - 35　草蛉成虫

图 4 - 36　蜘蛛（1）

图 4 - 37　蜘蛛（2）

图 4 - 38　蜜蜂（1）

图 4 - 39　蜜蜂（2）

图 4 - 40　食蚜蝇

图 4 - 41　蜂类（1）

图 4 - 42　蜂类（2）

（四）常见杂草

1. 鸭跖草

鸭跖草（*Commelina communis*），别名碧竹子、翠蝴蝶、淡竹叶等，为鸭跖草科鸭跖草属。

一年生披散草本植物。叶形为披针形至卵状披针形，叶序互生，匍匐茎，聚花序，雌雄同株（图4-43）。鸭跖草适应性强，对土壤要求不严，在全光照或半阴环境下均能生长。

图4-43　鸭跖草

2. 田旋花

田旋花（*Convolvulus arvensis* L.），别名小旋花、中国旋花、箭叶旋花、野牵牛、拉拉菀等，为旋花科旋花属，双子叶植物。

多年生草本植物，近无毛。根状茎横走，茎平卧或缠绕，有棱（图4-44）。野生于耕地及荒坡草地、村边路旁，为田间有害杂

图4-44　田旋花

草。在大面积发生时，常成片生长，密被地面，缠绕向上，强烈抑制作物生长，造成作物倒伏。

3. 裂叶牵牛

裂叶牵牛［*Pharbitis nil*（Linn.）Choisy］，别名朝颜、碗公花、牵牛花、喇叭花、勤娘子等，为旋花科牵牛属。

一年生缠绕草本植物。因其花酷似喇叭，所以又称为喇叭花。茎上被倒向的短柔毛及杂有倒向或开展的长硬毛，叶宽卵形或近圆形（图4-45）。花有蓝色、绯红色、桃红色、紫色等，亦有混色的，花瓣边缘的变化较多。牵牛顺应性较强，喜阳光充足，亦可耐半遮阴，喜暖和凉快，亦可耐暑热高温。常见于山坡灌丛、干燥河谷路边、园边宅旁、山地路边等。

图4-45 牵 牛

4. 藜

藜（*Chenopodium album* L.），别名粉仔菜、灰条菜、灰灰菜、白藜、落藜、盐菜等，为藜科藜属。

一年生草本植物，茎直立，粗壮，具条棱及绿色或紫红色色条，多分枝；枝条斜升或开展。叶片菱状卵形至宽披针形，先端急尖或微钝，基部楔形至宽楔形，上面通常无粉，有时嫩叶的上面有紫红色粉，下面多少有粉，边缘具不整齐锯齿（图4-46）。分布遍及全球温带及热带，我国各地均可生长。生于路旁、荒地及田间，为难除杂草。

图 4 - 46　藜

5. 土荆芥

土荆芥［*Ysphania ambrosioides*（L.）Mosyakin et Clemants］，别名臭草、杀虫芥、鸭脚草、香藜草等，为藜科藜属。

图 4 - 47　土荆芥

一年生或多年生草本，高 50～80 厘米，有强烈香味。茎直立，多分枝，有色条及钝条棱；枝通常细瘦。叶片矩圆状披针形至披针形，先端急尖或渐尖，边缘具稀疏不整齐的大锯齿。花两性及雌性，通常 3～5 个团集，生于上部叶腋（图 4－47）。2003 年，土荆芥被列为中国首批外来入侵物种之一，喜生于村旁、路边、河岸等处。

6. 反枝苋

反枝苋 ［*Amaranthus retroflexus* L.］，别名野苋菜、苋菜、西风谷等，为苋科苋属。

一年生草本植物，高可达 1 米以上；茎粗壮直立，淡绿色，叶片菱状卵形或椭圆状卵形，顶端锐尖或尖凹，基部楔形，两面及边缘有柔毛，下面毛较密；叶柄淡绿色，有柔毛（图 4－48）。反枝苋是伴人植物，只要有人的地方就有它，已被列为中国入侵植物。适应性极强，生在田园内、农田旁、人家附近的草地上。传播方式多样，可随有机肥、种子、水流、风力，甚至鸟类等进行传播。

图 4－48　反枝苋

7. 马齿苋

马齿苋（*Portulaca oleracea* L.），别名马苋、五行草、长命菜、瓜子菜、麻绳菜、马齿菜和蚂蚱菜等，为马齿苋科马齿苋属。

一年生草本植物，全株无毛。茎平卧，伏地铺散，枝淡绿色或带暗红色。叶互生，叶片扁平，肥厚，似马齿状，上面暗绿色，下面淡绿色或带暗红色；叶柄粗短（图4-49）。性喜肥沃土壤，耐旱亦耐涝，生活力强，生于菜园、农田、路旁，为田间常见杂草。

图4-49　马齿苋

8. 铁苋菜

铁苋菜［*Acalypha australis* L.］，为戟科铁苋菜属。

一年生草本植物，高0.2～0.5米。小枝细长，被贴毛柔毛，毛逐渐稀疏。叶膜质，长卵形、近菱状卵形或阔披针形（图4-50）。对土壤要求不严格，生于海拔20～1 200米的平原或山坡、较湿润的耕地和空旷草地，有时生长于石灰岩山疏林下。

图 4 - 50　铁苋菜

9. 龙葵

龙葵 [*Solanum nigrum* L.]，别名黑星星、野海椒、野伞子、悠悠、黑天天、黑豆豆等，为茄科茄属。

一年生草本植物，全草高 30～120 厘米；茎直立，多分枝；卵形或心形叶子互生，近全缘；夏季开白色小花，球形浆果，成熟后为黑紫色（图 4 - 51）。对土壤要求不严，喜生于田边、荒地及村庄附近。

图 4 - 51　龙　葵

10. 刺菜

刺菜（*Cirsium setosum*），别名大蓟、小蓟、大小蓟、野红花和大刺儿菜，为菊科、蓟属。

多年生草本植物。卵形或椭圆形叶子互生，边缘有刺，两面有白色丝状毛；夏季开紫红色花，头状花序顶生（图4-52）。广泛生于山坡、河旁或荒地、田间。

图4-52 刺 菜

11. 苦荬菜

苦荬菜（*Ixeris polycephala* Cass.），别名多头莴苣、多头苦荬菜，为菊科苦荬菜属。

一年生草本植物。根垂直直伸，生多数须根。茎直立，高可达80厘米，基生叶花期生存，叶片线形或线状披针形，基部箭头状半抱茎或长椭圆形。头状花序多数，在茎枝顶端排成伞房状花序，花序梗细，舌状小花黄色，极少白色（图4-53）。苦荬菜喜温暖湿润气候，既耐寒又抗热。对土壤要求不严，各种土壤均可生长。

图4-53 苦荬菜

12. 苍耳

苍耳（*Xanthium sibiricum* Patrin ex Widder），别名卷耳、苓耳、地葵、枲耳、葈耳、白胡荽、常枲、爵耳等，为菊科苍耳属。

一年生草本植物，高可达 90 厘米。根纺锤状，茎下部圆柱形，上部有纵沟，叶片三角状卵形或心形，近全缘，边缘有不规则的粗锯齿，上面绿色，下面苍白色，被糙伏毛（图 4 - 54）。苍耳为一种常见的田间杂草，自然生长在平原、丘陵、低山、荒野、路边、沟旁、田边、草地、村旁等处。

图 4 - 54　苍　耳

13. 紫花地丁

紫花地丁（*Viola philippica*），别名野堇菜、光瓣堇菜、光萼堇菜等，为堇菜科堇菜属。

多年生草本植物，无地上茎。根状茎短，垂直，淡褐色，节密生，有数条淡褐色或近白色的细根。叶多数，基生，莲座状；下部叶片通常较小，呈三角状卵形或狭卵形，上部叶片较长，呈长圆形、狭卵状披针形或长圆状卵形。花中等大，紫堇色或淡紫色，稀呈白色（图 4 - 55）。性喜光，喜湿润的环境，耐荫也耐寒，不择土壤，适应性极强，容易繁殖。

图 4 - 55　紫花地丁

14. 夏至草

夏至草〔*Lagopsis supina*（Stephan ex Willd.）〕Ikonn. - Gal. ex Knorring），别名小益母草，为唇形科夏至草属。

多年生草本植物，披散于地面或上升，具圆锥形主根。茎高 15～35 厘米，四棱形，具沟槽，带紫红色，密被微柔毛，常在基部分枝。叶轮廓为圆形，先端圆形，基部心形。杂草，生于路旁、旷地上，在西北、西南各省区海拔可高达 2 600 米以上。

15. 车前

车前（*Plantago asiatica* L.），别名车前草、车轮草，为车前科车前属。

二年生或多年生草本植物。须根多数。根茎短，稍粗。叶基生呈莲座状，平卧、斜展或直立；叶片薄纸质或纸质，宽卵形至宽椭圆形（图 4 - 56）。车前草适应性强，耐寒、耐旱，对土壤要求不严，在温暖、潮湿、向阳、沙质沃土中均能生长良好。多生于草地、沟边、河岸湿地、田边、路旁或村边空旷处。

图 4-56 车　前

16. 葎草

葎草［*Humulus scandens*（Lour.）Merr.］，别名蛇割藤、割人藤、拉拉秧、拉拉藤、五爪龙、勒草、葛葎蔓等，为桑科葎草属。

多年生攀缘草本植物，茎、枝、叶柄均具倒钩刺。叶片纸质，肾状五角形，掌状，基部心脏形，表面粗糙，背面有柔毛和黄色腺体，裂片卵状三角形，边缘具锯齿（图 4-57）。常生于沟边、荒地、废墟、林缘边。葎草是中国农业有害生物信息系统收载的有害

图 4-57 葎　草

植物，种子繁殖，危害果树及农作物，其茎缠绕在植株上影响农作物的正常生长。

17. 播娘蒿

播娘蒿 [*Descurainia sophia*（L.）Webb. ex Prantl]，别名大蒜芥、米米蒿、麦蒿，为十字花科播娘蒿属。

一年生草本植物，高可达 80 厘米，叉状毛，茎生叶为多，茎直立，分枝多，叶片为 3 回羽状深裂，末端裂片条形或长圆形，裂片下部叶具柄，上部叶无柄。生于山地草甸、沟谷、村旁、田野及农田，是一种农田恶性杂草。

18. 独行菜

独行菜（*Lepidium apetalum*），别名腺茎独行菜、北葶苈子、昌古，为十字花科独行菜属。

一年生或二年生草本植物，高 5～30 厘米，茎直立或斜升，多分枝，被微小头状毛。基生叶莲座状，平铺地面，羽状浅裂或深裂，叶片狭匙形；茎生叶狭披针形至条形，有疏齿或全缘；总状花序顶生；花小，不明显。主产河北、辽宁、内蒙古等地。生在海拔 400～2 000米的山坡、山沟、路旁及村庄附近，为常见的田间杂草。

19. 朝天委陵菜

朝天委陵菜（*Potentilla supina* L.），别名鸡毛菜、铺地委陵菜、仰卧委陵菜、伏萎陵菜，为蔷薇科委陵菜属。

一年生或二年生草本植物。主根细长，并有稀疏侧根。茎平展，上升或直立，叉状分枝，基生叶羽状复叶，叶柄被疏柔毛或脱落几无毛；小叶互生或对生，无柄，小叶片长圆形或倒卵状长圆形，基部楔形或宽楔形，边缘有圆钝或缺刻状锯齿，两面绿色（图4-58）。生长在海拔 100～2 000 米的田边、荒地、河岸沙地、草甸、山坡湿地。

图 4 - 58　朝天委陵菜

20. 萝藦

萝藦 [*Metaplexis japonica* （Thunb.）Makino]，别名芄兰、斫合子、白环藤、羊婆奶、婆婆针落线包、羊角、天浆壳，为萝藦科萝藦属。

多年生草质藤本植物，具乳汁；茎圆柱状，下部木质化，上部较柔韧，表面淡绿色，有纵条纹，幼时密被短柔毛，老时被毛渐脱落。叶膜质，卵状心形，长 5～12 厘米，宽4～7 厘米（图 4 - 59）。生长于林边荒地、山脚、河边、路旁灌木丛中。

图 4 - 59　萝　藦

21. 附地菜

附地菜（*Trigonotis peduncularis*），别名鸡肠，鸡肠草，地胡椒、雀扑拉，为紫草科附地菜属。

一年生草本植物，高5～30厘米；茎通常自基部分枝，纤细。匙形、椭圆形或披针形的小叶互生，基部狭窄，两面均具平伏粗毛。螺旋聚伞花序，花冠蓝色，花序顶端呈旋卷状。多生于丘陵草地、平原、田间、林缘或荒地，尚未由人工引种栽培。

22. 苘麻

苘麻（*Abutilon theophrasti* Medicus），别名椿麻、塘麻、青麻、白麻、车轮草，为锦葵科苘麻属。

一年生亚灌木草本植物，茎枝被柔毛。叶圆心形，边缘具细圆锯齿，两面均密被星状柔毛；叶柄被星状细柔毛；托叶早落。花单生于叶腋，花梗被柔毛；花萼杯状，裂片卵形；花黄色，花瓣倒卵形（图4-60）。常见于路旁、荒地和田野间。

图4-60　苘　麻

23. 博落回

博落回［*Macleaya cordata*（Willd.）R. Br.］，别名勃逻回、

勃勒回、菠萝筒、大叶莲、三钱三，为罂粟科博落回属。

多年生直立草本植物，基部具乳黄色浆汁。茎光滑绿色，高可达 4 米，多白粉，叶片宽卵形或近圆形，先端急尖、渐尖、钝或圆形，裂片半圆形、方形、三角形或其他，边缘波状、缺刻状，表面绿色，背面多白粉，细脉网状，常呈淡红色；大型圆锥花序多花，顶生和腋生；苞片狭披针形（图 4 - 61）。生于海拔 150～830 米的丘陵或低山林中、灌丛中或草丛间。

图 4 - 61　博落回

24. 马唐

马唐［*Digitaria sanguinalis*（L.）Scop.］，为禾本科马唐属。

一年生草本植物。秆直立或下部倾斜，膝曲上升，高 10～80 厘米，无毛或节生柔毛。叶鞘短于节间，叶片线状披针形，长 5～15 厘米，宽 4～12 毫米，基部圆形，边缘较厚，微粗糙，具柔毛或无毛（图 4 - 62）。马唐的种子传播快，繁殖力强，植株生长快，分枝多。竞争力强，广泛生长在田边、路旁、沟边、河滩、山坡等各类草本群落中，甚至能侵入竞争力很强的狗牙根、结缕草等群落中。

图 4 - 62　马　唐

25. 虎尾草

虎尾草（*Chloris virgata* Sw.），别名棒锤草、刷子头、盘草，为禾本科虎尾草属。

一年生草本植物。秆高可达 75 厘米，茎光滑无毛。叶鞘背部具脊，包卷松弛，叶片线形，两面无毛或边缘及上面粗糙（图 4 - 63）。多生于路旁荒野、河岸沙地、土墙及房顶上。虎尾草对土壤要求不严，在沙土和黏土中均能适应，在碱性土壤中亦能良好生长。

图 4 - 63　虎尾草

26. 稗

稗［*Echinochloa crusgalli*（L.）Beauv.］，为禾本科稗属。

一年生草本植物。秆高可达 150 厘米，光滑无毛，叶鞘疏松裹秆，平滑无毛，下部者长于节间而上部者短于节间；叶舌缺；叶片扁平，线形，无毛，边缘粗糙。圆锥花序直立，近尖塔形。适应性强，生长茂盛，多生于沼泽地、沟边及水稻田中。

27. 牛筋草

牛筋草［*Eleusine indica*（L.）Gaertn.］，为禾本科䅟属。

一年生草本植物，根系极发达。秆丛生，基部倾斜。叶鞘两侧压扁而具脊，松弛，无毛或疏生疣毛；叶舌长约 1 毫米；叶片平展，线形，无毛或上面被疣基柔毛（图 4 - 64）。牛筋草根系发达，吸收土壤水分和养分的能力很强，对土壤要求不高。多生于荒芜之地及道路旁。

图 4 - 64　牛筋草

28. 狗牙根

狗牙根［*Cynodon dactylon*（L.）Pers.］，为禾本科狗牙根属。

　　低矮草本植物，秆细而坚韧，下部匍匐地面蔓延甚长，节上常生不定根，高可达30厘米，秆壁厚，光滑无毛，有时略两侧压扁。叶鞘微具脊，叶舌仅为一轮纤毛；叶片线形，通常两面无毛。多生长于村庄附近、道旁河岸、荒地山坡。

29. 狗尾草

　　狗尾草〔*Setaria viridis*（L.）Beauv.〕，为禾本科狗尾草属。

　　一年生草木植物。根为须状，高大植株具支持根。秆直立或基部膝曲。叶鞘松弛，无毛或疏具柔毛或疣毛；叶舌极短；叶片扁平，长三角状狭披针形或线状披针形（图4-65）。生于荒野、道旁，为旱地作物常见的一种杂草。

图4-65　狗尾草

30. 野燕麦

　　野燕麦（*Avena fatua* L.），别名乌麦、铃铛麦、燕麦草，为禾本科燕麦属。

　　一年生草本植物。须根较坚韧。秆直立，高可达120厘米，叶鞘松弛，叶舌透明膜质，叶片扁平，微粗糙，圆锥花序开展，金字塔形，含小花。生于荒芜田野或为田间杂草。

五、中药材的植保基础知识和常见田间问题

（一）田间诊断

1. 考虑因素及求证步骤

中药材病虫害田间诊断是农业综合技能的体现。科研与推广人员的诊断区别在于前者可以取样返回实验室培养、分离镜检后再下结论。其准确率高，出具的防治方案针对性强，但时间缓慢，与生产要求的"急诊"不相适应。田间的诊断则不一样，必须在第一时间内初步判断症状的原因，并给出初步的救治方案，然后再根据实验室分析鉴定修正方案。因此，判断是否病、虫、药、肥、寒、热害等应注意如下程序步骤和因素。

（1）观察。

观察应从局部叶片到整株，应观察病症植株所处位置，或地块所处位置及栽培模式、相邻作物种类及栽培习惯等。看一块田地可能看到一种症状、一种现象。观察几个乃至十几个地块则能发现一种规律。所看到的症状有自然因素引起的，也有人为造成的。

（2）了解。

向种植户了解：①土壤环境状态，包括土壤营养成分、施肥情况、盐渍化程度；②药农的栽培史，是否连茬连作、连茬年数、上茬作物种类等；③农药使用情况，包括除草剂使用情况、施用农药的剂量、农药的存放地点等；④种植的中药材种类，某种药材的抗

性、耐性，比如耐寒性、耐旱性、耐涝性、对药剂和环境的敏感性，看是否适合当地的季节（气候）特点及土壤特点。一种药材的特性决定了所要求的的环境条件、栽培方案和密度等。

（3）收集。

由于某些药农在预防病害时把三四种农药混于一桶水喷施，或将杀菌剂、杀虫剂、植物生长调节剂混用，又或者有假、劣药充斥其中，3～5 天喷一次，中药材生长生存或受到威胁，产生异常症状。因此，诊断时一定要收集、排查药农使用过的农药袋子，以帮助我们辨真假，看成分，查根源。

（4）求证。

由于追求高产，人们往往是有机肥不足化肥补。生产中常有将未腐熟的鸡粪、牲畜粪便直接施到田里的现象，产生的有害气体熏蒸药材造成危害。食用化肥使用不均匀个别造成烧根、黄化以及土壤盐渍化。因此，诊断中药材生长异常时，需求证土壤基肥、追肥、化肥的使用情况，单位面积用量及氮磷钾、微肥的有效含量、生产厂商及施肥习惯。

（5）咨询。

经过上述观察、了解、收集、求证后，还要咨询所在区域季节气候，包括温度、湿度、自然灾害的气象记录，这对诊断很必要。突发性的病症与气候有直接关系，如下雨、大雾、连阴天、突降霜冻及水淹等。在诊断时应该充分考虑到近期的天气变化和自然灾害因素。

（6）排查。

在诊断中药材生长异常时，人为破坏也是应考虑的因素。现实生活中经常会因经济利益或家族矛盾而发生人为破坏的现象，有的喷施激素甚至除草剂损坏他人中药材种植。因此，应调查村情民意，排除人为破坏也应为诊断的必要步骤。

（7）验证。

在初步确定为侵染性病害后，应采取病害标本带回实验室或请有条件的单位进行分离、鉴定，确定病原种类，进一步验证田间做出的判断。

2. 诊断范围

在生产中，中药材发生一种异常现象不同专业背景的科技人员会有不同的判断或救治方法。有时受学科限制会对异常现象给与单一的解释，实际上一种异常现场可能是多种因素综合作用的结果。在自然环境中，栽培方式、种植管理、防治病虫害用药手段、天气、肥料施用等各种因素综合作用的复杂条件下，诊断中药材生长异常涉及如下范围，可以逐步排除。

首先应判断是病害？还是虫害？或是生理性病害？

（1）由病原生物侵染引起的植物不正常生长和发育所表现的病态，常有发病中心，由点到面 …………………………………… 病害

①中药材遭到病菌侵染，植株感病部位生有霉状物、菌丝体并产生病斑 ……………………………………… 真菌病害

②中药材感病后组织解体腐烂，溢出菌脓并伴有臭味 ……… ……………………………………………… 细菌病害

③中药材感病后引起畸形、丛簇、矮化、花叶皱缩等症状并有扩散迹象 ……………………………………… 病毒病害

④植株生长衰弱，显示营养不良。叶片、茎秆没有病原物。拔出根系，根部长有瘤状物 ……………………………………… 线虫

（2）有害虫如蚜虫、棉铃虫等刺吸、啃食、咀嚼中药材引起的植株生长异常和伤害现象，无病原物，有虫体可见 …… 虫害

（3）受不良生长环境限制以及天气、种植习惯、管理不当等因素影响，中药材局部或者整体或成片发生异常现象，无虫体、病原物可见 ……………………………………… 生理性病害

①因过量施用农药或误施、漂移、残留等因素造成的中药材生长异常、枯死、畸形现象 ……………………………………… 药害

A. 因施用含有对中药材花、果实有刺激作用的杀菌剂造成的落花落果以及过量药剂导致植株及叶片畸形现象 … 杀菌剂药害

B. 因过量和多种杀虫剂混配喷施所产生的的烧叶、白斑等

现象 ……………………………………………………… 杀虫剂药害

　　C. 超量或错误使用除草剂造成土壤残留，下茬作物受害黄化、抑制生长等现象，以及喷施除草剂漂移造成的临近植株受害生长畸形 ………………………………………… 除草剂药害

　　D. 因气温高，或用药浓度过高、过量或喷施不当造成中药材畸形、僵化叶等 ………………………… 植物生长调节剂药害

　　②因偏施化肥，造成土壤盐渍化或缺素，导致植物灼烧、枯萎、黄化、落花等现象 …………………………………… 肥害

　　A. 施肥不足，脱肥，或者过量施入单一肥料造成某些元素被固定，植株长势弱或退绿、黄化、果实生长不良或畸形等现象 ……………………………………………………… 缺素症

　　B. 过量施入某种化肥或微肥，或环境污染造成的某种元素过多，植株营养生长过盛、叶色过深或颜色异常、果实生长异常，或植株生长停滞等现象 ………………………… 元素中毒症

　　③因天气变化、突发性气候变化造成的危害 ……… 天气灾害

　　A. 突然降温、霜冻造成植株紫茎，果实蜡样透明及叶片紫褐色枯死 …………………………………………………… 冻害

　　B. 因持续高温致使植物蒸腾过量，营养运输受阻，生长衰弱，叶片黄化，包装外翻 ………………………………… 热害

　　C. 阴雨放晴后超高温强光造成枝叶脆裂和白化灼伤…… 灼伤

　　D. 暴雨、水灾后植株长时间淹泡造成黄化和萎蔫……… 水害

（二）生理性病害及其防治

1. 肥害及盐渍化障碍

　　肥害及盐渍化障碍是指施肥过量尤其是超过植物本身根系耐受力，造成根系逆向失水；施用未充分腐熟的有机肥，由于有机肥没有充分腐熟，在使用后形成二次发酵，其发酵产生的气体和热量最植物造成灼烧；过于集中施肥或长期大量施用某种肥料等，在生产中为了片面追求高产而大量施入氮肥等，进而导致植物营养失衡，

严重者使土壤产生盐渍化或酸化。

土壤盐渍化主要发生在干旱与半干旱地区（尤其是承德坝下地区），大水漫灌、只涝不排、地下水位高等因素引发形成盐碱土。但是最多的原因是盲目大量施肥尤其是速效化肥，此举不仅造成肥料的淋溶浪费，还极易引发土壤盐渍化。进而植物的根系发育不良，生长迟缓，降低产量。

常见的土壤营养失衡及不正常的现象有：土壤有酸臭气味，土壤板结严重，发生此生盐渍化或盐渍化障碍包括浇水后出现"白碱"、绿苔严重和出现"红碱"等现象。

植物常表现为：出现灼叶、落叶、烂根，叶子出现白色斑点，尾端呈烧焦状；根系发育不良，对水、肥吸收功能下降；土壤溶液浓度过大，植物发生反渗透现象，产生生理萎蔫、根系烧灼、叶缘枯焦。

常见的解救措施有：浇水，大水压碱；使用腐熟好的有机肥进行改良；进行深翻作业；使用有机肥的同时配合施用微生物菌剂；改种耐盐碱中药材等措施。

2. 药害

药害主要是由于不正确的使用化学药剂造成植物产生损害。造成药害的因素多种多样，主要包括以下几点：一是植物不同的生长时期对某些外来刺激的耐受性不同，一般常见的是幼苗期常见敏感，成熟期抗性增强。二是植物对某些特定的化学药剂敏感，不分不同的生长时期，尤其是常见的除草剂药害，因为药剂喷洒漂移到其他作物中，进而造成损伤。三是环境条件不同，受害程度不同。一般气温高，湿度大，光照强的环境下，药剂的活性增强，浓度高，作物代谢旺盛，药剂容易进入植体，引起药害。因此，要尽量避开炎热天的中午喷药。四是由于药剂配比不正确，造成药剂浓度过大，进而"烧苗"。五是不同药剂混配后造成药害，某几种单一使用不会对植物造成损伤。可一旦混用，就会发生化学反应，产生的新的物质就会对植物体造成损伤。六是前茬作物使用的各种农药，尤其是除草剂残留药害。

药害发生后一般针对不同的发生因素进行解救和缓解。但是需要根据要害的发生原因和发生程度来判断是否可以恢复。施药后几小时到几天内即出现症状的，称急性害；施药后，不是很快出现明显症状，仅是表现光合作用缓慢，生长发育不良，延迟结实，果实变小或不结实，籽粒不饱满，产量降低或品质变差，则称慢性药害。按照农药的性质来分，又可分为除草剂药害、杀虫剂药害、杀菌剂药害和调节剂药害（激素药害）。

常见的解救措施有：及时喷水冲淋；喷施一定浓度的碧护（视药材品种和生长时期确定浓度大小）；喷施一定浓度的叶面肥或尿素促进生长；喷施中毒农药的反作用剂；中耕松土等一系列组合措施效果会好。

3. 雹灾

雹灾主要是由于冰雹对植物体造成的物理性损伤，以及在造成物理性损伤后容易已发继生性病害侵染。

常见的解救措施有：在雹灾发生后及时排除田间的水，并在晴天上午喷施广谱性保护性杀菌剂和碧护，同时有条件的要将植物体残株清理出去进行无害化处理和掩埋；7天后再喷施一次叶面肥和保护性杀菌剂促进植物生长，同时进行中耕松土，增加植物体缓解条件。

4. 低温障碍或者冻害

承德坝下地区在清明到五一期间都会有一场"倒春寒"，尤其极个别年份还会降雪，此时正值黄芩发芽阶段，极有可能产生冻害或低温障碍。

常见的解救措施有：最主要是根据气象预报或者农时情况适时晚播或晚种，规避倒春寒危害。一是根据预报提前喷施抗寒剂，喷施叶面肥、碧护或者红糖和磷酸二氢钾混合剂；二是有条件的进行熏烟抗寒；三是对冻害严重的，结合春季播种或移栽作业，待二次发芽时喷施促生长剂。

5. 涝灾

发生涝灾往往是由于持续阴雨天气造成田间连续积水，或者是把种植田选在了低洼地带，而植物由于长时间浸泡造成根部缺氧沤根、根部病害高发、植物叶片黄花脱落及植物萎蔫等。尤其承德地区 7~9 月为雨季集中区。

常见的解救措施有：发生涝灾后一是及时排涝，建设良好的供排水设施；二是晴天后根据土壤湿度及时中耕，增加土壤透气性；三是及时喷施微生物菌剂或其他药剂提前保护根部不被病菌侵入；四是雨后晴天上午喷施一定浓度的叶面肥和保护性杀菌剂；五是建议有条件的区域还是实行高垄栽培技术，规避浸泡风险。

6. 缺素

植物吸收营养都是需要各个元素均衡吸收，过多或过少都会形成水桶效应，造成植物生长不良。这些元素主要有：碳（C）、氢（H）、氧（O）、氮（N）、磷（P）、钾（K）、硅（Si）、钙（Ca）、镁（Mg）、硫（S）、铁（Fe）、硼（B）、铜（Cu）、锰（Mn）、钼（Mo）、氯（Cl）锌（Zn），依据它们在植物中的含量不同，划分为常量元素、大量元素、中量元素、微量元素。缺少任何一种元素都会造成植物生长异常，因此需要根据植物生长情况来判断缺哪种元素或者通过检测土壤各养分含量来判断，进而精准施肥。

常见的施肥主要是：增施腐熟好的有机肥，因为有机肥含有多种元素能较大的满足植物需求，更能增加土壤的缓冲作用；二是喷施叶面肥，叶面肥能较快地补充到植物体内，但是持效性不强；三是结合土壤酸碱度选择不同肥料的配合使用方法（如有机肥、叶面肥、长效缓释肥等科学配比组合使用方法进行科学补充）。

7. 干旱日灼

由于种植中药材都是露天作业，因此受天气变化影响极大，加之个别区域没有配套水利设施，对天气的抗性更加不足。长期的干旱又得不到水利灌溉会造成发芽不齐乃至不发芽，苗期干旱生长停滞，后期严重干旱造成萎蔫、叶片黄化、脱落，乃至植株死亡。

常见的解救措施有：一是要关注天气，提前做好准备，争取在春季雨季播种或移栽，或者在播种移栽后及时浇水；二是在播种或栽培阶段使用保水剂，增加抗旱性，尤其是第一年播种或定植时，每亩使用5千克，种剂分离，斜侧方间隔5厘米，能具备很好的抗旱效果；三是使用抗旱剂，延缓植物生长，增加抗旱能力等；四是在植物生长阶段使用生长调节剂，增加中药材的抗性。

（三）农药施用

1. 农药概念及其分类

农药是指用于预防、消灭或者控制危害农业、林业的病虫草和其他有害生物以及有目的地调节植物、昆虫生长的化学合成或者来源于生物、其他天然物质的一种或几种物质的混合物及其制剂。按照防治对象可分为：杀虫剂、杀菌剂、杀螨剂、杀线虫剂、杀鼠剂、除草剂、杀软体动物剂、植物激素类（注意：叶面肥、助剂类等不属于农药范畴）等。使用方法多样：喷雾、喷粉、烟熏、毒饵、毒土、拌种、包衣、浸种、涂抹、撒滴等。

2. 农药的"三证"及辨别真伪

（1）由于市场需求强劲，农药市场鱼龙混杂，尤其是假药横行，给我们种植户造成很多损失，轻者没有作用，重者造成减产或绝收，因此要学会了解正规农药的方法。其中最基本的就是农药的"三证"。辨别"三证"真伪可到中国农药信息网或者"化肥农药助手APP"查询。

①农药登记证。正式品种登记证号以PD、PDN、WP、WPN开头；分装农药的需办理分装登记证（进口农药只需农药登记证）。

②农药生产许可证。

③产品标准证（号）。中国农药质量标准分为国家标准、行业标准、企业标准三种，其证号分别以 GB 或 Q 等开头。

（2）辨别农药真伪。

从农药标签上识别。农药标签上应注明产品化学名称、农药登记证号、生产许可证号或生产标准证书号以及农药的产品标准号。

从农药产品的名称上去判断。标签上产品名称应当是合法的化学名称字体大于商品名字体。现在市场上农药产品的名称很乱，购买农药应先仔细察看农药标签，凡是不能肯定产品中所含农药成分名称的产品都不要轻易购买。

观察农药包装不能有损坏，内外包装保持完整。此外还要注意农药的有效成分、含量、规格、产品性能、毒性、用途、使用方法、中毒急救、储存和运输、生产日期、有效期、注明事项等以及生产企业名称、地址、邮政编码等。

查看产品出厂合格证。按照《农药管理条例》和有关规定，每个产品包装箱内应附有产品出厂合格证，农药购买者可先要求经营者出示出厂合格证，以保证所购产品质量。建议到正规的农药经销商处购买。

3. 注意事项

在生产实践中涉及到农药的使用会有各种各样的问题，经过实际调研梳理出主要有以下几个方面的原因：

（1）防治理念需要增强。

很多种植户没有"预防为主、防治结合、统防统治"的植保观念和"公共植保、绿色植保、创新植保、和谐发展"的植保理念。在生产实践中一是预防理念很少，往往认为植物没事给它打药是在浪费成本。其实不然，植物都为生命体，它们也想人类一样，如果提前科学的进行预防，相当于打"预防针"一样，提高植物的抵抗力，后期减少了用药和避免了因发生病虫害造成的损失，这样计算，反而是节约了成本。还有种植户在生产中只防治自己的种植田或者只在作物上防治，没有做到"统防统治"，尤其在大田中，往往在自己田间使用了，但是过一段时间病虫害又有反复的趋势，这时就要考虑在种植的作物周边的杂草和临近的种植区有没有防治，因为虫害往往有迁移危害，病害还有周边反复感染等情况，因此，在选址或者防治时要注意集中连片，统一管理和防治。

（2）诊断失误和不对症下药也是生产实践中常出现的问题。

①植物出现问题就要通过它所表现出的症状，科学的进行分析和研究，尤其是植物体不会说话和表达，我们只能够通过症状和检测分析进行诊断。病当虫打，虫当病杀，草做虫除，这首先是诊断错误，判别不清，导致错误用药、防治不佳甚至产生药害。

②准确诊断了病症还要选择合适的对症的药剂进行治疗，有些农药对某些病虫有良好的防治效果，但对另一些病虫却无能为力，防效极差。在生产中种植户往往缺乏专业知识，不了解什么叫保护剂、治疗剂，什么药剂有内吸作用、触杀作用等。根据植物体的生长状况选择适宜的作用类别和不同持效期的农药，尤其是不同的病虫害有针对性的农药。治疗根腐病的可能对治疗不了叶斑病，能毒杀蚜虫的不一定能毒杀金针虫。

（3）农药配比注意事项。

农药在配比使用中还要注意以下几个方面：第一是农药稀释浓度的计算，准确核定施药面积，根据农药标签推荐的使用剂量或植保技术人员的推荐用量，计算用药量和施药液量。在生产中往往农药包装上都有建议，主要分为亩用量和稀释浓度。每亩用量是指无论每亩使用多少水，其药量就只有这么多；稀释浓度是指根据不同的倍数，使水和药达到均衡配比后使用，其每亩的用药量会根据用水的增多而增多。第二在配比农药是经常忽略的一个是水的酸碱度是否符合农药稀释的要求，溶剂选择：在进行农药稀释时，应选择软水（如河水、湖水等淡水），不能使用污水配药，也不宜使用硬水（井水、咸水等），由于硬水中含的钙、镁等物质能降低可湿性药剂的悬浮率或与乳油中的乳化剂化合成钙镁沉淀物，破坏乳油的乳化性能，使得降低农药的防治效果降低，甚至还会产生药害。在进行配药时，建议使用温水配药（25℃±5℃，如果药剂（生物农药）对溶剂温度有要求，需要特别注意）。个别农药与偏酸或偏碱的水混用后容易失效或产生药害，因此大型的种植户要注意本地区水的酸碱度，在购买农药时也要特别说明，如果没有条件可以先做小范围配比看有无沉淀或浑浊，喷洒后有无作用及药害后再行使用。第三在配比每一种药剂时要二次稀释，先加水后加药，先在喷药器具内加入一定量的水，再用临时器具对农药稀释一遍（注意科学的水药比），而后边搅拌边倒入喷药器具的水里。使用单一农药或者复配农药时一定要随用随配，不可放置时间太久，容易中毒或影响药效。

（4）农药复配注意事项。

多种农药共同复配及使用，为了节约成本和达到"一蹴而就"的效果，很多种植户往往一次就将杀虫剂、杀菌剂、叶面肥等等一起混合喷施，但是由于种植户对很多农药不了解，多种药剂的复配就会造成无效或者产生药害。由于不同种类的农药、不同剂型的农药和不同成分的农药在不科学的混合下容易产生化学反应，在生产中要详细咨询好农药经销商，在使用中要主要配比顺序：先固体后液体再其他；叶面肥—可湿性粉剂—悬浮剂—水剂—乳油依次加入，每加入一种待完全稀释后再加入另一种。如果掌握不准，就先复配一些做一下小范围试验，确保配比时没有化学反应，使用后没有药害。农药复配应该注意几点，混用多种（混配单剂一般不超过三种）农药一定不能产生化学反应（沉淀、水解、酸解、碱解、产生其他物质等），要保证正常药效或者增效，还不能改变物理性状；其次不能产生药害；最后复配后不能增加毒性，对人或周边环境产生毒害；要科学混配。

（5）正确用药。

正确用药时间，前边已经讲过，不同的药剂在大田使用中有着不同的要求，不科学的使用不仅达不到应有的效果，有些还极易产生药害。

一要在正确的防治时间用药，昆虫的活动受日夜交替规律的支配，也有自己的"生物钟"。因此，我们应掌握害虫的活动规律，在一天中，分别不同时间，有针对地按时施药，才能达到最佳效果。如某些虫害在高温时才会出来危害（叶螨），就需要增加水量在害虫出来危害时进行用药，有些害虫喜欢傍晚危害，那就要调整用药时间，在傍晚进行防治。

二是选择最佳时间施药。选择阴天或晴天上午 9～10 时露水蒸发后、下午 16～19 时日落前后，趁害虫活动旺盛时喷药，可提高防治效果。

三是掌握天气变化。做到刮大风不喷，下雨不喷，雨前不喷，有露水时不喷，如果刚喷完农药即遇大雨，则在天晴后补喷，一般来讲喷药 6 小时后下雨不需补喷，但个别农药需要间隔 24 小时不下雨方可。

四是在花期、采收前禁喷农药。农作物和果树在花期施药，容易发生药害。

五是根据防治对象不同采取不同方法。例如蚜虫在黄芩嫩叶嫩梢上，而地老虎集中在黄芩根茎交接部，它们所处的位置不同，所以喷施农药的部位也就不同。田间病虫的发生、危害和栖息在作物上都有一个危害部位，这特定的部位，便是农药应该射中的靶。射不中靶，农药防效就差。

六是大风天不要用药，风大药液飘移、吹散，影响防效，还极易对人产生危险。

七是高温天除特殊情况外不施药，第一杀虫效果差。第二操作人员易中毒高温促进了农药的挥发，挥发出的药液可直接散布于空气之中。中午温度高，操作人员的呼吸强度大，体内代谢速度快；而在连续施药过程中，农药挥发到空气中，使空气中含药分子浓度增高；此时挥发的农药可通过呼吸道或毛细孔进入人体，加上高温下作业，人体抵抗力下降，因此常产生农药中毒和中暑的综合症，容易造成生命危险。轻者全身乏力、头痛、头晕、恶心、食欲不振；重者呕吐、流涎、腹痛、呼吸困难、视力模糊、痉挛、昏迷不醒非常危险。第三易对作物造成药害，高温往往伴随强光照，易造成植物茎叶萎蔫，使植物本身的免疫机能下降，此时喷药易导致药害，尤其是一些碱性较强的农药，如松碱合剂、石硫合剂、波尔多液等，施入作物叶茎气孔，增加作物供水负担，破坏作物的生理机能和组织机构，可造成烧叶、叶片卷曲、凋萎等症状，对作物的产量影响很大。第四喷药浪费严重，农药药液，一般都有易挥发和易分解的特点。温度过高，农药的挥发性强，挥发量大，农药往往喷后不久即被蒸发，使农药的残效期大大缩短，起不到应有的防效，造成浪费。第五害虫易产生抗药性，温度过高，超过35℃以上时，有些害虫便不能忍受而处于热昏迷状态，不食不动，此时对外界各种因素都不敏感，农药喷上去后不能将其杀死，经过一段时间适应之后，虫体就会获得抗药性，特别是一些身体比较微小的害虫。

八是使用生物农药时特别注意，生物农药的使用效果影响最大的因素是温度、湿度、光照和风。温度不仅作用于害虫本身，而且还作用于生物杀虫剂孢子，从而影响病原微生物的致病性和毒性；湿度对生物杀虫剂孢子的繁殖和扩散有直接关系，湿度大，微生物孢子繁殖和扩散快，易感染和杀死害虫；阳光中的紫外线对芽孢有着致命的杀伤作用，因此在施用时应尽量避开强光，下午16时以后使用效果较好；风对粉剂生物农药的飘移和扩散有着至关重要的作用，在微风下施用粉剂，作用效果最佳。

（6）药械的选择和使用事项。

农药机械按照使用方法分类为喷雾（飞机、无人机、各类喷雾器）、喷粉、颗粒撒施、涂抹、土壤或树干注射等。首先要根据不同的药剂种类及作物来选择相应的药械，而后根据其作业面积选择适宜的药械（手动喷雾器、电动喷雾器、弥雾机、喷杆喷雾器、无人机或飞机喷雾等）。在购买药械时要注意选择正规厂家生产，具有完善的手续，经过国家质检部门检验合格后的药械。农用喷雾器喷头的选择，喷头按照雾化程度及形状分类分为涡流式喷头、扇形喷头、撞击式喷头或者是普通喷头、雾化喷头等等。不同的喷头有着不同的作用，因此要结合药剂的类型和喷洒方式来决定喷头的使用类型。在使用前要仔细检查药具药械，尤其是有无跑漏现象，根据每亩用量或浓度校准用药量、速度及喷幅。每亩用药量在20升左右，尽量采用低容量精准施药，作业时要保持人体处于上风方向，为保证精准用药，不要让喷头直接对准作物喷施，要与垂直方向形成 45°夹角，离作物直线距离超过 30 厘米。

在喷施过程中，操作人员要在上风口，喷前方或植物左侧或右侧，避免吸入农药药雾，在喷药时要做到细致、均匀、周到，既不要多次重复喷施，也不要漏喷。建议倒行喷雾，避免人员走动破坏药膜。在喷施中尤其根据病虫害发生部位精准用药，尤其是注意叶片背面、嫩芽部位和生长郁闭部位用药。每次配药必须使用过滤设备，避免由于水体杂质、随意物品搅拌等原因造成喷头堵塞，使用完后还要及时的使用清水多次冲洗，废水要集中倒在可排区域，要远离水源和重点生物安全区域（尤其是建议除草剂药械专用，避免产生药害）。

（四）无人机作业

植保无人机的选择：选择质量可靠，性能稳定的植保无人机；飞机要具备手动飞行、自主飞行、断点续喷、高精度定位、作业过程及数据可视化等必备功能；由于承德市属于典型的丘陵山区，需要因地制宜选择飞机（作业过程中手动飞行较多）。药剂用量：飞防药剂配制时，药剂用量与低浓度喷雾用量不同，杀虫剂与杀菌剂的用量可参考常规药剂用量，其他药剂建议试验后确定，降低药害出现的风险，药剂用量是以亩为单位使用。农业要求：在使用无人机进行病虫害防治时，由于旋翼产生的风场会使地面产生大量的尘土，导致雾滴在沉降过程中与灰尘结合，严重影响喷施效果，飞防作业时以不产生尘土为宜。气象要求：与气象有关的，对植保无人飞机飞行有影响的因素，如环境温度、湿度、光照、风向、风速、雨、雾、雹、露、霜等，在植保无人机作业时，气温高于 35℃且太阳直射时建议停止作业，风速大于四级时停止作业，下雨前 4 小时建议停止作业。安全要求：作业前应清理田间作业现场，确保除操控员和辅助人员外的其他人员距作业区域保持在安全范围内，并在施药地块周围树立警示标志。对于单旋翼植保无人机，安全距离大于 10 米；多旋翼植保无人机，安全距离大于 5 米（图 6 - 1）。亩用液量：喷施作业时，亩用液量不低于 1.5～2.5 升。飞行速度：飞行速度 2.5～4 米/秒。作业高度：飞行作业时，作业高度宜在作物冠层上方 1.5～2.5 米。幅宽：植保无人机在一定高度上匀速飞行作业时垂直于航线上的有效喷洒宽度（米），根据不同的机型来确定，在满足作业的前提下，以合适幅宽为宜。现场清理：作业完成后，应对剩余的药液、农药包装容器等进行妥善处理，不得随意倾倒、丢弃，以免造成土壤、空气和水源等环境的污染。清洁维护：作业完成后，排净药箱内的残留药液并做无害化处理，对作业后农药包装、容器进行收集，集中处理，对植保无人机全部部件进行清洁保养。

图 6 - 1　植保无人机

（五）病虫害抗药性增加

由于长时间使用某种农药、长期未更换不同种类的农药、长期使用不合格农药和乱用农药等都极易造成病虫害抗药性。同时连年大量施用农药，害虫的天敌受到极大的杀伤，生态平衡受到破坏，导致害虫再度猖獗，形成了恶性循环。因此，病菌和害虫对农药的抗性是当今阻碍农药发挥应有防治效果和潜在效能的现实问题。

（六）人员防护尤为重要

　　农药购买、运输、储存及使用的整个过程要小心谨慎，杜绝儿童和无关人员接触农药。取用操作农药过程中严禁进食、吸烟、喝水（如要进行以上操作，必须使用碱性肥皂进行完全冲洗后再行操作），正确处理废弃农药。不要在中午等天气炎热的时间段施药，喷药时要戴遮阳帽，备足饮用水，并做好标记。农户购买农药后，上锁单独储存；不要更换原包装，严禁用饮料瓶盛装农药。农药标签应包含有关该农药的特征特性以及农药使用过程中可能带来的风险等重要内容，同时标签上还标明了在使用农药过程中发生突发事故时的正确的应对办法。药液滴、溅到皮肤上或眼中时，马上用清水冲洗。施药后要彻底清洗全身和施药时穿的防护服及工作服；注意防护服和工作服要分开洗。施药人员要穿防护衣服：长袖衣裤和防雨鞋；夏季施药时一定要戴上遮阳帽。混配药液时千万注意要戴上防护面罩和手套。按照农药标签上的要求，在一些情况下要戴帽子、防护眼罩和防水围裙。

（七）农药安全间隔期、农药残留及禁用农药

　　安全间隔期是指最后一次施药至收获（采收）作物前的时期，是自喷药后到残留量降到最大允许残留量所需间隔时间。若农药残留超标，会直接危及人体的神经系统和肝、肾等重要器官。同时残留农药在人体内蓄积，超过一定量后会导致一些慢性疾病，如肌肉麻木、咳嗽等，甚至会诱发血管疾病、糖尿病和癌症等。作为神经毒物，会引起神经功能紊乱、震颤、精神错乱、语言失常等症状。也会通过胎盘进入胎儿体内，引起下一代发生病变。

　　在黄芩病虫害防治时还要注意农药的种类和残留期，尤其是现

在医药行业、农业行业等有各种标准：国际标准和国内标准，国内标准又分为国家标准、地方标准、行业标准、企业标准等。因此，在使用某些病虫害防治措施之前，要仔细熟悉产品销售地的要求，尤其出口更为严格，很多国内允许使用的农药，在国外是要求限量或禁止使用的。

参考文献

常瑾，杨玉秀，淡静雅，等，2007. 陕西黄芩主要病害及其综合防治技术研究 [J]. 西安文理学院学报（自然科学版），10（2）：30-32.

何运转，谢晓亮，贾海民，等，2018. 35种中草药主要病虫害原色图谱 [M]. 北京：中国医药科技出版社.

姜振侠，张天也，2014. 黄芩病害的识别与防治 [N]. 河北科技报，11-27.

苏淑欣，李世，刘海光，等，2015. 黄芩病虫害调查报告 [J]. 承德职业学院学报（4）：82-85.

孙茜，潘阳，2010. 番茄疑难杂症图片对照诊断与处方 [M]. 北京：中国农业出版社.

谢利德，赵春颖，徐鹏，等，2019. 北方中药材栽培实用技术 [M]. 北京：北京大学医学出版社.

闫忠阁，程世明，2007. 黄芩病虫害及综合防治措施 [J]. 特种经济动植物（6）：50-51.

张新燕，周天森，张泓源，等，2014. 黄芩主要虫害及综合防治 [J]. 河北旅游职业学院学报，19（2）：66-68.

赵晋，曾志海，盛琳，等，2018. 咯菌腈、嘧菌酯等4种药剂防治黄芩根腐病试验效果分析 [J]. 陕西农业科学，64（7）：29-32.

钟熠，2013. 黄芩主要病害及防治 [N]. 中国医药报，11-1.

附录一　热河黄芩仿野生栽培技术规程

前　　言

本标准依据 GB/T 1.1—2009 给出的规则起草。

本标准由承德市质量技术监督局提出。

本标准起草单位：滦平县中草药发展管理中心、承德市农业经济作物管理站、滦平县质量技术监督局。

本标准起草人：许福德、徐鹏、张天也、李民、任洪达、李树芝、王思维、王克海、孙飞、赵艳贺、李孟培。

热河黄芩仿野生栽培技术规程

1　范围

本规程规定了热河黄芩栽培的术语和定义、环境条件、栽培技术、病虫害防治、留种技术和采收与初加工。

本标准适用于河北燕山山地、丘陵区黄芩仿野生栽培。

2　规范性引用文件

下列文件对于本文件的应用是必不可少的。凡是注日期的引用文件，仅注日期的版本适用于本文件。凡是不注日期的引用文件，其最新版本（包括所有的修改单）适用于本文件。

GB 3095　环境空气质量标准

GB 5084　农田灌溉水质标准

GB 8321（所有部分）农药合理使用原则

GB 15618　土壤环境质量标准

NY/T 391　绿色食品产地环境质量标准

3　术语和定义

下列术语和定义适用于本文件。

3.1　热河黄芩

黄芩又名山茶根、空心草、黄芩茶等，为唇形科黄芩属植物，以根入药，为我国常用的大宗药材品种，是河北著名的道地药材。其主产区承德燕山山地和丘陵区的黄芩，以其色黄、质坚、质量优良而闻名于世，被称为"热河黄芩"，又称"金丝黄芩"。

3.2　仿野生栽培

热河黄芩仿野生栽培，是指选择野生热河黄芩生长的自然环境条件进行的人工栽培。

4 环境条件

4.1 地块选择

产地环境符合 NY/T 391 要求，宜选择海拔 300m～1 700m，年平均气温 4℃～8℃，≥10℃有效积温 2 900℃～3 200℃，降雨量 400mm～600mm，无霜期 100d～180d 的中性或微碱性、半湿润半干旱、无污染源，并具有可持续生产能力的农业生产区域。

4.2 土壤

土壤应达到土壤环境质量标准 GB 15618 二级以上（含二级）标准。

4.3 农田灌溉水

水质应达到农田灌溉水质量标准 GB 5084 二级以上（含二级）标准。

4.4 空气

空气质量应达到环境空气质量标准 GB 3095 二级以上（含二级）标准。

5 栽培技术

5.1 种子、种苗的选择

5.1.1 种子选择：

应选择籽粒充实、饱满、均匀，色泽光亮，千粒重 1.49g～2.25g，纯度 95.0％以上；净度 90.0％以上；发芽率 80％以上，含水量不高于 10.0％的热河黄芩种子。

5.1.2 种苗选择

应选择种苗地下根茎（靠芦头部位）直径 5mm 以上，地下茎主根长 15cm 以上。外观鲜黄色，健壮、无病害、无虫蛀、无机械损伤的热河黄芩种苗。

5.2 选地整地

5.2.1 选地

选择荒山、荒坡、林缘、林下或退耕还林地等地块，土壤疏松肥沃、土层深厚、排水良好、日照充足的沙质壤土或腐殖质壤土为宜。

5.2.2 整地

每亩撒施充分腐熟的有机肥 2 000kg～3 000kg，深翻 20cm～30cm，整细耙平，做成 0.9m～1.3m 宽的平畦，畦高 10cm～15cm。坡地条播为宜，需开排水沟。

5.3 种子前处理

播前种子可不做处理，也可用 40℃～45℃的温水浸泡 5h～6h，使种皮吸足水分，捞出晾干后播种。

5.4 直播

直播分春播和夏播，春播 4 月下旬至 5 月中旬，夏播 7 月中旬至 8 月中下旬。在整好的畦面上，按行距 30cm～40cm，开 0.5cm～1.0cm 浅沟，均匀的将种子散入沟中，每亩播种量 1.5kg～2.0kg，覆土 0.5cm，搂平，稍加镇压，使种子与土壤紧密结合，保持畦面湿润，播种后约 10d 左右出苗。

5.5 育苗移栽

对于直播难以保苗的，可以采用育苗移栽的方法。热河黄芩育苗，选择温暖、阳光充足、土壤疏松肥沃的地块做苗床。根据种植量大小，确定育苗面积。育苗时间可分春季育苗和夏季育苗，春播育苗 3 月下旬～4 月中下旬，夏播育苗 7 月中旬～8 月中下旬。一般苗床宽 120cm～150cm，长因需而定，床土采用 20 目过筛，床面整平，用脚排踩一遍，浇足水待播。移栽育苗每 667m^2 播种量 4kg～6kg。把种子均匀撒到床面上，然后撒过筛后的松软土 0.5cm，覆盖薄膜，增温保湿，7d～10d 出苗。齐苗后适当通风，当苗长到 3cm 左右时，去掉薄膜；苗高 5cm～6cm 时按行距 30cm～40cm、株距 10cm～12cm 移栽于大田。定植后及时浇水，无水浇条件的地块，要结合降雨情况适时定植。

5.6 田间管理

5.6.1 定苗

直播黄芩苗高 5cm 时定苗，定苗株距 10cm～12cm。如有缺苗，带土补植；缺苗过多时，以补播种子为宜。

5.6.2　中耕除草

黄芩出苗后至封垄前，中耕 3 次～4 次，保持田间土壤疏松。在雨后或浇水后，要及时进行中耕。中耕宜浅，不能损伤根部，并做到严密细致。同时要注意清除杂草，做到随长随除。

5.6.3　追肥

黄芩一年生苗生长量较小，施入足量基肥后一般可满足生长需求。在第二年或第三年返青后和 6 月下旬各施一次有机肥，每 667m² 施 500kg～1 000kg。施肥方式是沟施或穴施，在黄芩根部 15cm 处，开沟（穴）深 5cm～8cm，施肥后覆土。留种田在常规管理的同时，花期增施硼肥，提高授粉率。每亩用四硼酸钠（硼砂）0.5kg 或多元微肥 0.5kg，兑水 25kg，进行叶面喷施。

5.6.4　排灌

天气干旱要及时浇水，遇涝要尽快排水，以防烂根。

5.6.5　打顶

非留种田在花前应尽早剪去花穗，以提高产量。

6　病虫害防治

6.1　防治原则

以农业防治为基础，物理防治、生物防治为主，将有害生物危害控制在合理经济阈值以内。

6.2　防治方法

6.2.1　农业防治

采用轮作倒茬、培育壮苗、深翻精耕、中耕除草、清理田园、清除病株、科学施肥等农艺措施防治。

6.2.2　物理防治

利用灯光、颜色诱杀、人工捕捉害虫等物理措施防治害虫。每亩应用粘虫黄板 40 块，每 2 000m² 安装振频式杀虫灯 1 台。

6.2.3　生物防治

保护和利用自然天敌七星瓢虫、白僵菌、草蛉、螳螂等，或使用植物源农药，每亩用 1‰苦皮藤素乳油 50 mL～70mL，兑水 60kg～70kg 均匀喷雾，防治黄芩舞蛾、蚜虫、红蜘蛛等主要害虫。农药使用符合 GB 8321（所有部分）规定。

7　留种技术

种子采集必须是两年生以上植株的种子，当年生种子俗称"娃娃种"，因发芽率低不得使用。选择生长健壮，无病虫害的植株作为种株。热河黄芩花期 6 月～9 月，果熟期 7 月～10 月，待果实成淡棕色时采收；种子成熟期很不一致，极易脱落，需随熟随收，最后可连果枝剪下，晒干打下种子，去净杂质，保存阴凉干燥处备用。

8　采收与初加工

8.1　采收时间

一般以三年生为最佳采收期，在 10 月～11 月地上部分完全枯萎时，选择晴朗天气采收，避免雨天采收。

8.2　采收与加工

利用人工或机械采收。要保持采挖工具清洁，保持根部完整；去掉杂质、泥沙和芦头，进行晾晒，晾晒过程避免强光直射；晒至半干时，放到筐里或水泥地上，进行揉擦，去掉老皮，继续晾晒直至全干。

附录二　中国药典——黄芩

本品为唇形科植物黄芩（*Scutellaria baicalensis* Georgi）的干燥根。春、秋二季采挖，除去须根和泥沙，晒后撞去粗皮，晒干。

[**性状**] 本品呈圆锥形，扭曲，长 8～25 厘米，直径 1～3 厘米。表面棕黄色或深黄色，有稀疏的疣状细根痕，上部较粗糙，有扭曲的纵皱纹或不规则的网纹，下部有顺纹和细皱纹。质硬而脆，易折断，断面黄色，中心红棕色；老根中心呈枯朽状或中空，暗棕色或棕黑色。气微，味苦。

栽培品较细长，多有分枝。表面浅黄棕色，外皮紧贴，纵皱纹较细腻。断面黄色或浅黄色，略呈角质样，味微苦。

[**鉴别**]

（1）本品粉末黄色。韧皮纤维单个散在或数个成束，梭形，长 60～250 微米，直径 9～33 微米，壁厚，孔沟细。石细胞类圆形、类方形或长方形，壁较厚或甚厚。木栓细胞棕黄色，多角形。网纹导管多见，直径 24～72 微米。木纤维多碎断，直径约 12 微米，有稀疏斜纹孔。淀粉粒甚多，单粒类球形，直径 2～10 微米，脐点明显，复粒由 2～3 分粒组成。

（2）取本品粉末 1 克，加乙酸乙酯-甲醇（3：1）的混合溶液 30 毫升，加热回流 30 分钟，放冷，滤过，滤液蒸干，残渣加甲醇 5 毫升溶解，取上清液作为供试品溶液。另取黄芩对照药材 1 克，同法制成对照药材溶液。再取黄芩苷对照品、黄芩素对照品、汉黄芩素对照品，加甲醇分别制成每 1 毫升含 1 毫克、0.5 毫克、0.5 毫克的溶液，作为对照品溶液。照薄层色谱法（通则 0502）试验，吸取上述供试品溶液、对照药材溶液各 2 微升及上述三种对照品溶液各 1 微升，分别点于同一聚酰胺薄膜上，以甲苯-乙酸乙酯-甲醇

-甲酸（10：3：1：2）为展开剂，预饱和30分钟，展开，取出，晾干，置紫外光灯（365纳米）下检视。供试品色谱中，在与对照药材色谱相应的位置上，显相同颜色的斑点；在与对照品色谱相应的位置上，显三个相同的暗色斑点。

［检查］

水分　不得过12.0％（通则0832第二法）。

总灰分　不得过6.0％（通则2302）。

［浸出物］

照醇溶性浸出物测定法（通则2201）项下的热浸法测定，用稀乙醇作溶剂，不得少于40.0％。

［鉴别］

照高效液相色谱法（通则0512）测定。

色谱条件与系统适用性试验　以十八烷基硅烷键合硅胶为填充剂；以甲醇-水-磷酸（47：53：0.2）为流动相；检测波长为280纳米。理论板数按黄芩苷峰计算应不低于2500。

对照品溶液的制备　取在60℃减压干燥4小时的黄芩苷对照品适量，精密称定，加甲醇制成每1毫升含60微克的溶液，即得。

供试品溶液的制备　取本品中粉约0.3克，精密称定，加70％乙醇40毫升，加热回流3小时，放冷，滤过，滤液置100毫升量瓶中，用少量70％乙醇分次洗涤容器和残渣，洗液滤入同一量瓶中，加70％乙醇至刻度，摇匀。精密量取1毫升，置10毫升量瓶中，加甲醇至刻度，摇匀，即得。

测定法　分别精密吸取对照品溶液与供试品溶液各10微升，注入液相色谱仪，测定，即得。

本品按干燥品计算，含黄芩苷（$C_{21}H_{18}O_{11}$）不得少于9.0％。

饮片

［炮制］黄芩片　除去杂质，置沸水中煮10分钟，取出闷透，切薄片，干燥；或蒸半小时，取出，切薄片，干燥（注意避免暴晒）。

［性状］本品为类圆形或不规则形薄片。外表皮黄棕色或棕褐

色。切面黄棕色或黄绿色，具放射状纹理。

[**含量测定**] 同药材，含黄芩苷（$C_{21}H_{18}O_{11}$）不得少于 8.0％。

[**鉴别**] 同药材。

[**炮制**] **酒黄芩** 取黄芩片，照酒炙法（通则 0213）炒干。

[**性状**] 本品形如黄芩片。略带焦斑，微有酒香气。

[**含量测定**] 同药材，含黄芩苷（$C_{21}H_{18}O_{11}$）不得少于 8.0％。

[**鉴别**] 同药材。

[**性味与归经**] 苦，寒。归肺、胆、脾、大肠、小肠经。

[**功能与主治**] 清热燥湿，泻火解毒，止血，安胎。用于湿温、暑湿，胸闷呕恶，湿热痞满，泻痢，黄疸，肺热咳嗽，高热烦渴，血热吐衄，痈肿疮毒，胎动不安。

[**用法与用量**] 3～10 克。

[**性状**] 置通风干燥处，防潮。

附录三　禁限用农药名录

《农药管理条例》规定，农药生产应取得农药登记证和生产许可证，农药经营应取得经营许可证，农药使用应按照标签规定的使用范围、安全间隔期用药，不得超范围用药。剧毒、高毒农药不得用于防治卫生害虫，不得用于蔬菜、瓜果、茶叶、菌类、中草药材的生产，不得用于水生植物的病虫害防治。

一、禁止（停止）使用的农药（46 种）

六六六、滴滴涕、毒杀芬、二溴氯丙烷、杀虫脒、二溴乙烷、除草醚、艾氏剂、狄氏剂、汞制剂、砷类、铅类、敌枯双、氟乙酰胺、甘氟、毒鼠强、氟乙酸钠、毒鼠硅、甲胺磷、对硫磷、甲基对硫磷、久效磷、磷胺、苯线磷、地虫硫磷、甲基硫环磷、磷化钙、磷化镁、磷化锌、硫线磷、蝇毒磷、治螟磷、特丁硫磷、氯磺隆、胺苯磺隆、甲磺隆、福美胂、福美甲胂、三氯杀螨醇、林丹、硫丹、溴甲烷、氟虫胺、杀扑磷、百草枯、2，4-滴丁酯

注：氟虫胺自 2020 年 1 月 1 日起禁止使用。百草枯可溶胶剂自 2020 年 9 月 26 日起禁止使用。2，4-滴丁酯自 2023 年 1 月 29 日起禁止使用。溴甲烷可用于"检疫熏蒸处理"。杀扑磷已无制剂登记。

二、在部分范围禁止使用的农药（20 种）

通用名	禁止使用范围
甲拌磷、甲基异柳磷、克百威、水胺硫磷、氧乐果、灭多威、涕灭威、灭线磷	禁止在蔬菜、瓜果、茶叶、菌类、中草药材上使用，禁止用于防治卫生害虫，禁止用于水生植物的病虫害防治

（续）

通用名	禁止使用范围
甲拌磷、甲基异柳磷、克百威	禁止在甘蔗作物上使用
内吸磷、硫环磷、氯唑磷	禁止在蔬菜、瓜果、茶叶、中草药材上使用
乙酰甲胺磷、丁硫克百威、乐果	禁止在蔬菜、瓜果、茶叶、菌类和中草药材上使用
毒死蜱、三唑磷	禁止在蔬菜上使用
丁酰肼（比久）	禁止在花生上使用
氰戊菊酯	禁止在茶叶上使用
氟虫腈	禁止在所有农作物上使用（玉米等部分旱田种子包衣除外）
氟苯虫酰胺	禁止在水稻上使用

农业农村部农药管理司　2019

图书在版编目（CIP）数据

热河黄芩栽培及病虫害防治技术 / 孙秀华等主编
. —北京：中国农业出版社，2021.5
ISBN 978-7-109-27990-2

Ⅰ.①热… Ⅱ.①孙… Ⅲ.①黄芩－栽培技术②黄芩
－病虫害防治 Ⅳ.①S567②S435.67

中国版本图书馆 CIP 数据核字（2021）第 038142 号

中国农业出版社出版
地址：北京市朝阳区麦子店街 18 号楼
邮编：100125
责任编辑：李 蕊 张洪光 黄 宇
版式设计：王 晨 责任校对：刘丽香
印刷：中农印务有限公司
版次：2021 年 5 月第 1 版
印次：2021 年 5 月北京第 1 次印刷
发行：新华书店北京发行所
开本：880mm×1230mm 1/32
印张：3.5 插页：8
字数：90 千字
定价：30.00 元